규석기 시대의
반도체

규석기 시대의
반도체

발 행 일 2017년 6월 15일 초판 1쇄 발행
2023년 4월 7일 초판 5쇄 발행

지 은 이 김 태 섭

발 행 인 김 병 석

주   간 설 명 환

일러스트레이터 권 지 영

발 행 처 한국표준협회미디어

출판등록 2004년 12월 23일(제2009-26호)

주 소 서울시 강남구 테헤란로69길 5(삼성동, DT센터) 3층

전 화 02-6240-4890

팩 스 02-6240-4949

홈페이지 www.ksam.co.kr

ISBN 979-11-6010-010-5　93560

※이 책의 수익금은 한국 반도체 산업 발전 기금으로 전액 기부됩니다.

마법의 돌, 대한민국 5천만 반도체 지식 도서

규석기 시대의
반도체

쉽지만
깊이 있는
소설처럼 풀어 쓴
놀라운
반도체 세상

손톱만한 조각에
빛의 속도와 무한 공간을 담다

인류 출현과 함께 등장한 사과는 지구문명에 큰 진보를 가져왔다. 이브의 사과, 뉴턴의 사과, 애플의 사과. 특히 애플의 베어먹은 사과 스마트폰은 우리 일상을 송두리째 바꾸어 놓았다. 인류 역사상 이 손바닥만한 기기에 인간의 삶이 이토록 통째로 얽매이기는 처음일 것이다.

2006년 첫 선보인 아이폰은 '반도체 덩어리'라는 표현이 틀리지 않다. 모바일 AP, 메모리, 커넥티비티(통신), 인터페이스 및 센서류에 이르기까지 무려 20여 종 40여 개 반도체가 탑재되어 있다. 제품원가에서 차지하는 비중도 60%에 달한다.

현대사회는 거대한 사이버 공간으로 빠져들었고 세상은 정보로 가득 채워졌다. 말 그대로 정보의 홍수시대이다. 한편 이 말은 정보를 연산, 처리, 저장, 전송하는 반도체도 기하급수적으로 늘어났음을 의미한다.

우리는 흔히 반도체를 떠올리면 하얀 방진복에 눈만 빠끔히 드러내고 번쩍이는 둥근 원판을 든 채 서있는 사람을 생각한다. 한편 손톱만한 시커먼 플라스틱 덩어리에 지네다리가 촘촘히 달린 모습도 떠오른다. 무엇이 반도체인가? 두 가지 모두 맞다. 하나는 반도체를 만드는 웨이퍼

(wafer)이고, 하나는 패키지가 끝난 반도체 모습이다.

반도체의 정의를 내린다면, 물론 어려운 말들도 많겠지만, 도체(conductor)도 아닌 부도체(nonconductor)도 아닌 말 그대로 반도체(semi-conductor)이다. 전기를 흐르게도, 안 흐르게도 할 수 있다는 말이다. 이 점이 중요한데 전도도를 조절할 수 있다는 것이 반도체의 핵심이다. 그 것이 어떻게 가능할까? 간단히 말하자면 '트랜지스터(transistor)'라는 스위치를 통해서이다.

전류를 쉽게 이해하기 위해 보통 수도관에 흐르는 물에 비유하는데 트랜지스터가 바로 이 수도꼭지 역할을 한다. 그래서 트랜지스터라는 수도꼭지를 이용해 수도관의 물을 흐르게 할 수도, 안 흐르게 할 수도, 그리고 원하는 만큼만 흐르게 할 수도 있다. 물이 곧 데이터이다. 반도체 공학은 이 트랜지스터의 원리를 이해하는 것이다.

반도체는 우리 일상에 없어서는 안 될 귀중한 자원이다. 오죽하면 먹는 쌀(산업의 쌀)에 비유하겠는가. 1900년대 초 진공관이 발명된 이래 반도체는 인간의 정신노동뿐만 아니라 이제 인간의 사고마저 대신하기에 이르렀다. 특히 대한민국 수출 1위 반도체는 우리 기업들이 세계시장을 석권하고 있다. 그런데 이런 반도체를 우리는 얼마나 알고 있을까? 전공도 직업도 아니니 그냥 모르면 될까?

들어가는 글_

학교에서 누구나 교양과목을 배운다. 교양이라면 현대를 사는 문명인으로 갖추어야 할 기본 소양과 지식을 습득하는 것이다. 반도체가 그렇다. 이미 우리 일상에서, 우리가 살아갈 미래 세상에서 빼놓을 수 없는 것이 바로 반도체이다. 더구나 우리 국민 50분의 1이 직·간접적으로 종사하는 반도(半導) 민족의 한 사람으로서 반도체에 관심을 갖는 것은 너무나 당연한 것이다.

「규석기 시대의 반도체」는 반도체에 관심이 있는 독자라면 누구나 쉽고 빠르게 반도체를 공부할 수 있도록 쓰인 책이다. 전문용어, 교과서적인 기술은 피하고 쉽고 편한 글, 가능한 많은 사진과 도표를 넣었다. 누구든 구석기(?) 수준만 넘는다면 그냥 소설처럼 읽다가 어느덧 풍성한 반도체 지식을 얻게 될 것이다. 그렇다고 깔보면 안 된다. 책을 덮는 순간, 여러분은 중급 이상의 반도체 전문가가 되어 있을 것이다.

오래 전 반도체 산업에 입문하며 전문서적도 찾고, 교육기관도 들락거리며 수많은 반도체 전문가들을 만나봤지만 "도대체 반도체가 뭔지?", 일목요연하게, 'A~Z'를 알 수는 없었다. 시중에 많은 도서도 메모리와 비메모리, 설계와 제조, 공학과 실무의 단편만 담고 있을 뿐 산업 전체를 파악하는 것이 불가능했다. 결국, 흩어진 정보를 어렵사리 짜맞추며 갈증을 해소할 수 밖에 없었다.

이 책은 총 4장으로 구성되어 있다. 1장에서는 반도체의 정의, 동작 원리, 탄생 과정 등을 설명한다. 2장에서는 'D램', '낸드 플래시', '시스템 반도체' 등 귀에 익은 반도체 제품을 소개할 것이다. 3장은 반도체 제조 공정이다. 한 줌의 모래가 첨단의 반도체 집적회로(integrated circuit, IC)로 탄생하는 전 과정을 살펴볼 것이다. 4장에서는 팹, 파운드리, 팹리스 등 다양한 반도체 기업을 소개하고 한국을 포함, 전 세계 반도체 산업을 조망할 것이다. 아울러 3D-V낸드, TSV, 그래핀, 양자컴퓨터 등 미래의 첨단 신기술 또한 살펴볼 것이다.

반도체는 말 그대로 참 어렵고 복잡한 기술이다. 반도체 완전정복은 요원한 이야기다. 하지만 못 갈 길도 아니다. 1초에 1,000조 번을 연산하는 반도체처럼 「규석기 시대의 반도체」가 여러분을 빠르고 정확하게 반도체 달인의 경지로 데려갈 것이다.

2017년 6월
김 태 섭

목 차_

들어가는 글···004

목 차···008

나가는 글···312

1장_반도체란?

제1절 | 반도체 기본 지식

1. 대한민국 반도체···015

2. 도체, 부도체, 반도체···019

3. 꼬마전구 실험···022

4. 구석기? 규석기?···026

제2절 | 원자의 세상

1. 태양계와 원자···030

2. 공유결합···033

3. n형 반도체, p형 반도체···035

제3절 | 디지털의 세계

1. 디지털의 이해···039

2. 아톰에서 비트로···041

3. 아날로그로 느끼고,
   디지털로 기억하고···045

제4절 | 반도체 용어

1. '0'과 '1'의 세계···048

2. 비트, 바이트···052

3. 셀(cell)···054

4. 헤르츠(Hz)···057

5. 메가, 기가···058

6. 마이크로, 나노···061

7. 연산과 기억···064

제5절 | 주판에서 반도체로

1. 파스칼의 계산기···066

2. 컴퓨터의 아버지 찰스 배비지···068

3. 진공관···069

4. 트랜지스터···073

5. 집적회로(IC)···077

6. 초밀도 집적회로···081

2장_다양한 반도체

제1절 | 반도체의 분류

1. 산업혁명···087
2. 메모리, 비메모리···090

제2절 | 메모리 반도체

1. 휘발성, 비휘발성···094
2. 램(RAM)···096
   1) D램 ···099
   2) S램 ···101
3. 롬(ROM)···102
   1) 마스크 롬, P롬, EP롬, EEP롬 ···104
   2) 플래시 메모리 ···106
4. 저장장치의 진화···109

제3절 | 비메모리 반도체

1. 쌀 중의 쌀···114
2. 시스템 반도체···117
   1) 마이크로컴포넌트 ···117
   2) 아날로그 반도체 ···121
   3) 로직 반도체 ···126
3. 광 반도체···128
4. 개별 소자···130
5. 멤스(MEMS)···132

제4절 | 주문형 반도체

1. 수요와 공급···135
2. ASIC와 ASSP···137
3. FPGA···139

목 차_

3장_반도체 제조공정

제1절 | 반도체 전공정

1. 전공정, 후공정···145
2. 공정의 흐름···148
   1) 공 웨이퍼 제작···150
   2) 회로 설계 및 마스크 제작···154
   3) 산화막 공정···155
   4) 포토리소그래피 공정···156
   5) 식각 공정···160
   6) 이온 주입 공정···162
   7) 증착 공정···163
   8) 금속 배선 공정···165
   9) EDS 공정···167

제2절 | 반도체 후공정

1. 반도체 패키지···171
2. 패키징 공정···174
   1) 웨이퍼 연마···177
   2) 웨이퍼 절단···178
   3) 다이 어태치···180
   4) 전선 연결···181
   5) 몰딩···185
   6) 낱개 분리···187
   7) 마킹, 라벨링···188
   8) 패키지 테스트···188

3. 반도체 패키지의 종류···192
   1) WLP, WLCSP, bumping···193
   2) DDP, QDP···194
   3) MCP, SiP, SoP···195
   4) PoP, PiP···198
   5) SoC···199

4. 표면실장···199
   1) SOP, TSOP···201
   2) QFP, QFN, QFJ···202
   3) DIP, SIP, ZIP···203
   4) BGA, PGA, LGA···204

제3절 | 시스템 반도체 설계

1. 설계 전문기업···206
2. 시스템 반도체 설계 공정···208
   1) C언어 프로그래밍···209
   2) RTL 변환···211
   3) 셀 라이브러리 합성···213
   4) 게이트 수준 시뮬레이션···214
   5) 레이아웃 합성···215
   6) 포스트 시뮬레이션···216
   7) 포토마스크 제작···216

4장_반도체 산업과 미래 신기술

제1절 | 반도체 산업

1. 다양한 반도체 기업···221

   1) 종합 반도체 기업 ···223
   2) 파운드리 ···224
   3) 팹리스 ···226
   4) IP기업 ···228
   5) OSAT ···230
   6) 장비 제조 기업 ···232
   7) 부품소재 기업 ···234
   8) 반도체 유통 기업 ···236

2. 반도체 기업의 협력 관계···236

3. 반도체 제조공장···237

   1) 클린룸, 방진복 ···239
   2) 전원, DI워터 ···241
   3) 연중무휴 반도체 라인 ···243

4. 반도체 시장···244

   1) 고정거래선 가격, 현물가격 ···244
   2) 선물거래 ···246
   3) 실리콘 사이클 ···247
   4) BB율 ···248
   5) 비트 그로스, 비트 크로스 ···249
   6) 반도체 수요의 계절성 ···251

제2절 | 반도체 신기술

1. 팹(FAB) 기술···252

   1) 3D V-낸드 ···254
   2) 핀펫(FinFET) ···257
   3) 3D크로스포인트 ···258
   4) M램, P램 ···261
   5) 대구경 웨이퍼 ···264

2. 패키지 기술 및 기타···267

   1) TSV ···270
   2) FoWLP ···272
   3) EMI 차폐기술 ···275
   4) 꿈의 신소재, 그래핀 ···278
   5) 양자역학, 양자컴퓨터 ···281

제3절 | 한국 반도체 산업의 과제

1. 문명 서진설···290

2. 한국의 반도체 산업···292

3. 치킨게임···295

4. 일본의 영욕···297

5. 반도체 업계의 M&A···300

6. 중국의 부상···303

7. 우리의 갈 길은···307

1장

반도체란?

1 반도체 기본 지식 • 015

2 원자의 세상 • 030

3 디지털의 세계 • 039

4 반도체 용어 • 048

5 주판에서 반도체로 • 066

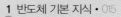

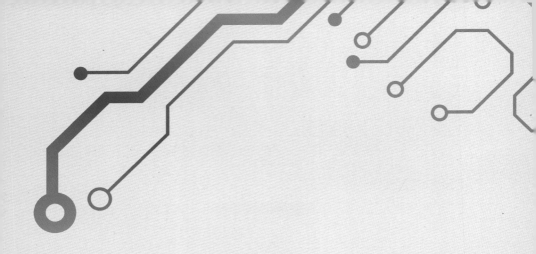

'뱀파이어'와 '늑대인간'이 있다. 먹잇감(?)이 나타나면
잔인한 흡혈귀로 변하는 '뱀파이어'와 보름달만 뜨면 짐승으로 변하는
'늑대인간'. 이들은 분명 두 얼굴을 가진 변신의 귀재이지만 만약 반도체와 같은
성질을 가진 하나를 선택한다면 과연 누구일까? 그것은 '늑대인간'이다. 왜냐하면
'뱀파이어'는 원할 때마다 자신의 의지대로 언제든지 모습을 바꿀 수
있지만 '늑대인간'은 달빛 자극으로만 변하기 때문이다.

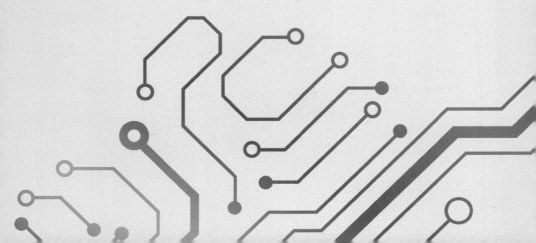

반도체 기본 지식

1. 대한민국 반도체

"지난 2013년, 한국의 세계 반도체 판매액은 515억 1,600만 달러로 세계시장 점유율 16.2%를 차지했다. 미국에 이어 2위다. 일본은 3위로 밀려났다. 한국이 일본을 제치고 2위로 올라선 것은 한국이 반도체 산업에 진출한 1980년대 이후 30년 만에 처음 있는 일이다"

한국의 반도체 산업이 결국 일을 냈다. 30여 년 전 곁눈으로 담아온 조각 정보를 바탕으로 어렵게 태동한 반도체 산업이 지난 2013년 세계시장 점유율 2위에 올랐고 메모리 반도체[1] 분야에서는 독보적인 1위가 되었다. 수출 비중도 1990년 자동차, 석유화학을 제치고 1위로 올라섰다. 한국경제의 핵심 산업은 바로 반도체라는 사실에 누구도 이견이 없다.

---

1) **메모리 반도체(memory semiconductor):** 정보를 저장하는 용도로 사용하는 반도체를 말한다. 정보처리(연산 혹은 논리)를 목적으로 사용하는 시스템 반도체에 대응된다.

한·일 반도체 시장 점유율 〈단위: %, 억 달러〉

20.3
(625)
18.5
(574)
17.5
(529)
16.2
(515)
한국
13.8
(424)
13.4
(416)
14.2
(431)
13.7
(434)
일본

2010 2011 2012 2013

한·일 반도체 세계시장 점유율(출처: HIS아이서플라이)

'산업의 쌀', '전자산업의 꽃'이라 불리는 반도체는 PC, 모바일, 가전, 디스플레이, 자동차 등 전 산업에 없어서는 안 될 필수품으로 반도체 없는 세상은 상상도 할 수 없다. 한국의 전자산업은 1960년대 겨우 라디오 정도를 만드는 초보적인 수준에 그쳤다. 1970년대에 들어서 당시 박정희 대통령은 전자산업, 특히 반도체의 중요성을 역설하며 산업의 초석을 만들어 나갔다. 각 대학에 전자공학과가 신설되고 상공부에 전담 조직도 만들어졌다.

하지만 당시 반도체란 단어 자체가 마치 암호와도 같이 생소했다. 반도체를 소개하며 트렁크 하나에 200~300만 달러어치의 고부가가치 제품이라 호들갑을 떠는 정도였다. 당시 주 수출품이었던 광물은 한 배에 가득 실어도 고작 몇 십만 달러에 불과했으니 사람들은 "도대체 반도체가 뭐냐?"며 관심을 나타냈다.

현재 대한민국 반도체 종사 인력은 직·간접적으로 100만 명에 육박한다. 전체 인구의 50분의 1이다. 한국을 반도체 공화국, 한민족을 반도(半導) 민족이라 해도 지나치지 않다. 한편 1980년대 한국 반도체 산업의 태동 당시 전 세계 누구도 성공할 것이라 생각하지 않았다. 특히 반도체 강국이었던 일본의 조롱거리였다. 그도 그럴 것이 1980년대 반도체 산업은 인구 1억 명 이상, 국민소득 1만 달러 이상, 국내소비 50% 이상의 국가에서만 가능하다는 것이 정설이었다.

만약 필자가 시간여행을 할 수 있다면 지난 2010년 일본 전자산업의 처절한 몰락을 전하는 뉴스를 다시 볼 것이다. 일본의 대표 기업, 즉 소니, 파나소닉, 샤프, 도시바, 히타치의 전체 영업이익이 삼성전자 한 개 기업에도 미치지 못하고 이들 5개 기업의 시가총액을 삼성전자가 추월했다는 이야기다. 삼성의 놀라운 도약은 물론 반도체의 힘이다.

매해 일본에서 새해를 맞이하며 그룹의 진로를 구상해 온 故 이병철 삼성그룹 회장은 끝내 잠을 이루지 못한 채 날이 밝자마자 수화기를 들었다. 중앙일보 사장실이었다. "결심했습니다. 누가 뭐래도 반도체를 해야겠습니다. 가급적 빠른 시일 내에 이 사실을 공표해 주세요." 1983년 2월 8일, 대한민국의 전 언론은 삼성의 반도체 사업 진출을 알렸고 대한민국 반도체 산업은 힘차게 출발했다.

1985년 D램 반도체공장 준공식에 참석한 故 이병철 회장(사진제공: 삼성전자)

하지만 당시 한국은 1인당 국민소득 2천 달러, 인구 4천만 명에 관련 인프라가 전혀 없던 불모지나 다름없었다. 특히 변변한 기술도 없던 상태에서 당시 이병철 회장은 친분이 깊었던 일본 NEC(당시 메모리 반도체 세계 1위)에 협력을 요청했으나 단칼에 거절당하는 수모를 겪었다.

이렇게 열악한 상황, 일본의 온갖 방해와 조롱을 받으며 삼성전자는 6개월 만에 64K D램[2]을 개발했지만 일본의 덤핑 공세로 64K D램은 엄청난 적자를 안겨주었다. 그러나 오로지 뚝심과 도전정신으로 곧바로

---

2) **D램(dynamic random-access memory):** 대표적인 메모리 제품으로 빠른 속도가 특징이다. 단, 전기를 넣은 상태에서도 일정 주기마다 동작을 가하지 않으면 기억된 정보가 지워지는 휘발성 제품이다. 한국은 전세계 D램 시장의 70%('2016) 이상을 점유하고 있다.

256K D램을 개발해 1988년 첫 흑자를 냈다. 이후 16M D램, 64M D램을 차례차례 개발했고 마침내 1994년에는 256M D램을 세계 최초로 개발했다. 공교롭게도 개발을 마친 날짜가 국치일인 8월 29일이어서 당시 반도체를 통해 '극일(克日)'의 역사를 새로 썼다는 이야기까지 나올 정도였다.

한국 반도체 산업의 또 하나의 축인 SK하이닉스는 故 정주영 현대그룹 회장의 배짱 하나로 일궈진 기업이다. 1981년 당시 전두환 대통령의 권유로 시작된 현대그룹의 반도체 사업은 '전자왕국 설립'이라는 야심찬 계획으로 1983년 출범한다. 하지만 삼성전자를 포함해 한국 반도체 산업 자체를 회의적으로 보던 많은 전문가들은 국부 유출까지 운운하며 현대가 5년 안에 사업을 철수할 것이라 공언했다.

하지만 포기를 모르는 불굴의 도전정신은 10여 년 만에 결실을 거두었고 한국 반도체 산업은 양 날개를 얻게 되었다. 현대전자는 1999년 김대중 정부의 '반도체 빅딜'로 LG반도체와 합병하였고 2012년 SK그룹에 인수되며 SK하이닉스로 새롭게 출범한다.

2017년 현재 한국의 메모리 반도체 산업은 1993년 세계시장 점유율 1위로 등극한 이래 24년간 한 번의 추월도 허용하지 않은 전인미답의 기록을 세우고 있다.

2. 도체, 부도체, 반도체

반도체는 전기 전도도에 따른 물질의 분류이다. "전기가 잘 통한다", "안 통한다"는 정도를 공학에서 '전기 전도도'라고 한다. 지구상의 모든 물질은 전기 전도도에 따라 크게 3가지로 구분하고 있다. 전도도가 아주 큰 것을 '도체(conductor)', 반대로 거의 없는 것을 '부도체(nonconductor)' 라 한다.

그러면 반도체(semiconductor)는 무엇일까? "어떤 때는 전기가 통하기도 하고, 또 어떤 때는 안 통하기도 하는…" 이상한 물질을 말한다. 부연하면 가만히 놓아둔 상태에서는 전기가 통하지 않는 부도체의 성질을 갖고 있지만 어떤 인위적인 조작, 즉 열을 가하거나, 빛을 쬐이거나 혹은 불순물을 더해주면 전기가 통하고, 또한 조절도 할 수 있는 물질(조건부 도체?)이다. 이러한 성질 때문에 '절반(semi)'이라는 접두사를 붙여 '반도체', 영어로는 'semiconductor' 라고 한다.

반 + 도체 혹은 절반 + 도체
半 + 導體 혹은 semi + conductor

규소, 게르마늄은 대표적 반도체 물질이다.

필자가 몸담고 있는 바른전자는 교육부가 지정한 청소년 진로체험 훈련기관으로 매년 적지 않은 학생이 회사를 방문한다. 최근 자유학기제가 도입되어 국무총리, 교육부장관까지 방문했는데, 필자는 종종 학생들에게 반도체의 성질을 설명하며 이런 비유를 들곤 한다.

"도체도 부도체도 아닌 반도체는 과연 무엇일까? '뱀파이어'와 '늑대인간'이 있다. 먹잇감(?)이 나타나면 잔인한 흡혈귀로 변하는 뱀파이어와 평범한 사람이 보름달만 뜨면 짐승으로 변하는 늑대인간, 이들은 분명 두 얼굴을 가진 변신의 귀재이지만 만약 반도체와 같은 성질을 가진 하나를 선택한다면 과연 누구일까? 그것은 늑대인간이다. 왜냐하면 뱀파이어는 원할 때마다 자신의 의지대로 언제든지 모습을 바꿀 수 있지만, 늑대인간은 자신의 의지가 아닌 달빛 자극으로만 변하기 때문이다."

앞서의 비유를 다시 반도체와 결합해 보자. 반도체란 "외부 자극으로 도체가 되거나 혹은 부도체라는 두 가지 성질을 임의로 조절할 수 있는 물질…"

흔히 외부자극을 이용해 흐름을 조절할 수 있는 장치를 '스위치(switch)'라 한다. 전등·전열기의 점멸을 생각할 수 있는데 반도체의 여러 기능 중에 가장 중요한 것도 바로 '스위치' 기능이다. 디지털[3]의 최솟값인 '1' 또는 '0'은 반도체의 스위치 기능에 의해 전기가 흐르면 '1(켜짐)', 흐르지 않으면 '0(꺼짐)'으로 표현할 수 있다. 이 스위치 작용을 하는 소자를 '트랜지스터(transistor)'라고 한다.

한편 산업에서 말하는 반도체는 다소 다르다. 우리는 흔히 반도체를 '반도체 IC' 혹은 'IC', '칩(chip)'이라고도 부른다. '반도체 IC'란 "반전도 물

---

3) 디지털(digital): 0과 1로 이루어진 2진법 논리 및 이들의 조합을 통해 모든 정보를 처리하는 것. 아날로그(analog) 정보는 연속적인데 반해 디지털 신호는 단절적 신호의 집합으로 이루어진다. 뒤에서 자세히 설명한다.

질(반도체)로 만든 집적회로"라는 뜻이다. 여기서 집적회로(integrated circuit)란 두 개 이상의 개별 소자(트랜지스터, 다이오드[4], 커패시터[5] 등)를 고집적[6] 화시켜 전기적으로 동작하도록 한 것이다. '칩'이라 하면 우선 감자가 연상될 것이다. 맞다. 칩은 집적회로가 여러 겹 인쇄된 얇은 실리콘 조각인데 그 모양이 칩과 같아 붙여진 이름이다.

이 책에서는 산업에서의 반도체를 주로 다루겠지만 가끔 용어의 혼돈이 있을 수 있다. 내용의 문맥을 잘 파악해 소재 반도체, 혹은 산업에서의 반도체(반도체 집적회로)를 구분해야 할 것이다.

3. 꼬마전구 실험

반도체의 성질을 알아보았다. 순수 반도체는 부도체와 같이 전기가 거의 통하지 않지만 어떤 인위적인 조작, 즉 열, 빛 혹은 불순물을 첨가하면 도체처럼 전기가 흐르기도 한다. 그렇다면 우리 일상에서 사용되는 도체, 부도체, 반도체는 무엇이 있을까?

초등학교 시절 친구들과 재미있게 했던 실험이 있다. 스위치를 이용해

---

4) 다이오드(diode): p형 반도체와 n형 반도체를 접합해 전류를 한 방향으로만 흐르게 하고, 그 역방향으로 흐르지 못하게 하는 성질을 가진 반도체 소자. 현대에는 종류가 다양해지면서 특수한 목적의 다이오드들이 나오기 시작했는데 대표적인 것이 LED(light emitting diode, 발광다이오드)이다. 뒤에서 설명한다.

5) 커패시터(capacitor): 도체에 전기를 저장하는 소자. D램은 셀을 구성하는 커패시터에 전하가 있는지(1), 없는지(0)의 여부에 따라 0과 1의 디지털 신호를 구분한다. 컨덴서라는 동의어는 커패시터의 일본식 발음으로 올바른 한글표현은 축전지이다.

6) 고집적: "고밀도로 쌓아 올린다"는 뜻으로 〈제3장. 반도체 제조 공정〉에서 자세히 다룬다.

회로의 동작을 살펴본 실험인데 꼬마전구와 배터리를 연결하고 그 중간에
각기 다른 물질을 두면 전기 전도도에 따라 전구의 점등 여부가 결정된다.

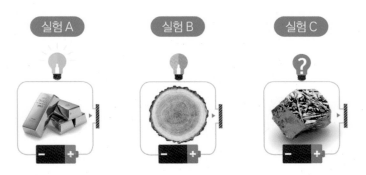

꼬마전구 실험. 부도체(B), 반도체(C)는 불이 들어오지 않는다.

위의 그림처럼 일단 금속은 도체이다. 액체 금속인 수은마저 전기가
통한다. 금속의 기본 정의가 "전기를 통할 것"으로 되어 있기 때문이다.
전기 전도도가 높은 금속은 은, 구리, 금, 알루미늄, 텅스텐, 아연 순으
로 이어진다.

부도체에는 무엇이 있을까? 간단히 전기 코드를 생각하면 된다. 전선
의 피복을 벗기면 구리선이 나오는데 앞서처럼 전기가 잘 통하는 도체이
다. 하지만 이를 감싸고 있는 고무나 플라스틱 등은 유리, 종이, 나무 등
과 같이 전기를 잘 전달하지 못하는 부도체이다.

그렇다면 반도체는 무엇이 있을까? 자연상태에서 존재하는 규소(Si,
실리콘), 저마늄(Ge, 게르마늄), 탄소(C, 카본) 등이 모두 훌륭한 반도체 물
질이다. 이러한 물질에 열, 빛 혹은 불순물을 더하면 도체의 성질을 갖

게 된다.

　여기서 의문이 생긴다. 도체와 부도체는 반도체 재료로 사용할 수 없는 것일까? 물론 이론적(?)으로는 가능하다. 단 반도체는 전도도를 조절할 수 있어야 하므로 도체는 필요에 따라 전류를 흐르지 않도록, 부도체는 전류가 흐르도록 만들면 될 것이다. 부연하면 도체는 반도체가 되기 어렵다고 한다. 단 부도체는 여러 종류가 있으며 그 중에 에너지갭[7]이 큰 반도체가 존재한다.

　중학교 과학 시험문제에 종종 나와 우리를 괴롭혔던 질문이 있다. 지구의 지각을 이루는 8대 원소인데, '오시알페카나크마'라고 무조건 외웠다. 풀어서 쓰면, 'O, Si, Al, Fe, Ca, Na, K, Mg' 이며, 산소, 규소, 알루미늄, 철, 칼슘, 나트륨, 칼륨, 마그네슘 순으로 많다는 뜻이다. 즉, 지구 땅덩어리를 구성하는 물질 중 산소를 제외하고 가장 많은 것이 바로 규소라는 것이다.

　규소가 반도체의 재료로 많이 쓰이는 것은 공급이 풍족하기 때문이다. 규소는 지구의 지각물질 중 27.7%를 차지하는 무한 광물이다. 주변의 모래, 바위, 흙 등이 모두 규소를 품고 있다. 태양, 별에서도 검출되는 범 우주적 광물이다. 또한 규소는 독성이 없어 안전하고 환경보호 측면에서도 유리하다. 규소, 즉 실리콘은 부싯돌이라는 라틴어 'silex'와 탄소

---

7) **에너지갭(energy gap):** 물질의 전기적 성질을 정하는 값으로 전도대(전류가 흐르는 영역)의 가장 하단과 가전자대의 가장 상단 사이에 에너지 범위를 이른다. 밴드갭이 없는 것이 도체, 적당히(?) 떨어져 있는 것이 반도체, 밴드갭이 아주 큰 것이 부도체이다. 보통 eV(electron Volt)의 단위를 써서 나타낸다.

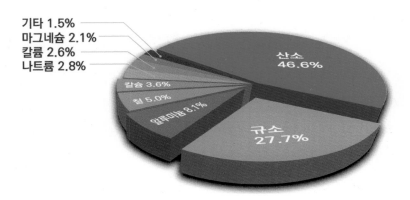

기타 1.5%
마그네슘 2.1%
칼륨 2.6%
나트륨 2.8%
칼슘 3.6%
철 5.0%
알루미늄 8.1%
산소 46.6%
규소 27.7%

지각을 이루는 8대 원소

영문명인 'carbon'의 합성어이다.

한편 실리콘은 재료가 갖는 여러 물성 특성 때문에 다양한 산업에서 사용된다. LCD, OLED 패널에는 박막 형태의 트랜지스터가 탑재된다. 전문용어로 TFT(thin film transistor)라고 부른다. TFT의 주요 재료는 실리콘이다. 따라서 디스플레이 산업도 큰 범주에서 반도체 산업으로 볼 수 있다. 이외에도 성형수술에 사용되는 실리콘(silicone, 실리콘 수지)은 실리콘(silicon)과 산소(oxygen)로 이뤄진 고분자 화합물이다. 정보통신(IT) 산업의 요람인 미국 실리콘 밸리(Silicon Valley)는 반도체 주원료인 실리콘과 산타클라라 인근 계곡을 합쳐 탄생한 이름으로 미국의 유명한 반도체 기업이 모여 있다.

4. 구석기? 규석기?

21세기를 지식정보화 사회라고 한다. 컴퓨터와 초고속통신망을 종횡 무진 누비는 지식이 생산 활동에서 가장 중요한 수단이 되는 사회라는 의미이다. 즉 원시수렵 사회, 농경 사회, 산업 사회로 이어지는 인류 문명의 발전과정이 새로이 지식정보화 사회로 들어섰다는 뜻이다. 필자는 이 지식정보화 사회를 도구의 관점에서 '규석기 시대'로 정의하고 싶다. 〈구석기 시대 → 청동기 시대 → 철기 시대〉를 잇는 '규석기 시대', 규석 으로 만들어진 반도체를 도구로 사용하는 시대이기 때문이다.

우리는 실생활에서 반도체를 얼마나 많이 사용하고 있을까? 대표적인 제품은 컴퓨터이다. 컴퓨터는 1951년 최초의 상업용 컴퓨터 유니박[8]이 등장한 이래 지금까지 전 세계에 2천억 대 이상이 보급된 것으로 추정된 다. 2016년 한 해 PC 시장 규모만 2억 8천만 대 수준이다(출처: 가트너).

컴퓨터는 진공관[9]을 주요 소자로 하는 제1세대와 트랜지스터에 의한 제2세대, 집적회로를 사용한 제3세대로 발전해왔다. 흔히 반도체라 하 면 집적회로 기술을 말하는데 집적회로 기술이 바로 '마법의 돌로 불리

---

8) **유니박(Universal Automatic Computer, UNIVAC):** 세계 최초로 진공관을 사용한 컴 퓨터 에니악(ENIAC)을 탄생시킨 모클리(John William Mauchly)와 에커트(John Presper Eckert Jr)에 의해 만들어진 최초의 상업용 컴퓨터. 에니악에 비해 크기가 대폭 줄어들었 다. 1951년 미국 인구 통계국에 설치되었다.

9) **진공관(vacuum tube):** 높은 진공 속에서 금속을 가열할 때 방출되는 전자를(에디슨 효과) 전기장으로 제어하여 정류, 증폭 등의 특성을 얻을 수 있는데, 이러한 용도를 위해 만들어진 유리관을 진공관이라 한다. 뒤에서 설명한다.

는 오늘날의 반도체이다. PC에는 CPU[10]와 메모리, 다양한 반도체 소자 등 총 20여 종, 100여 개 이상의 반도체가 탑재되어 있다.

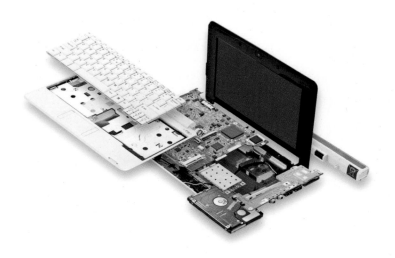

노트북 분해 사진. 다양한 반도체가 탑재되어 있다.

오늘날 지구촌은 지식정보화 사회에서 초연결과 융합으로 대표되는 4차 산업혁명 시대로 접어들고 있다. 반도체 또한 컴퓨터, 가전, 휴대전

---

10) **CPU(central processing unit):** 직역하면 '중앙처리장치'다. 컴퓨터의 두뇌에 해당하는 것으로 사용자로부터 입력받은 명령어를 해석, 연산한 후 그 결과를 출력하는 역할을 한다. 뒤에서 자세히 다룬다.

화에서 사물인터넷11), 자동차, 인공지능12), AR·VR13), 로봇, 클라우드14) 등 산업 전반으로 쓰임새가 확대되고 있다. 특히 연산과 기억이라는 반도체 고유의 기능에서 인간의 감각·인식·지능 기능을 더한 지능형 반도체가 우리 삶을 크게 바꾸어 놓을 것이다.

이 중 사물인터넷의 성장은 놀랍다. IT산업의 큰 흐름은 〈PC → 모바일 → 사물인터넷〉이다. 삼성전자는 CES '2015 기조연설을 통해 2020년 이내 모든 제품을 사물인터넷화하겠다고 선언했다. 복수의 시장예측 기관은 2020년 전 세계 350억 개의 사물이 인터넷에 연결된다고 밝혔다. 2017년 세계인구가 73억 명이니 1명당 4.1개의 사물인터넷 기기를 갖는 셈이다. 사물인터넷용 반도체는 주로 센서와 통신에 사용된다. 자동차 간격을 조절하고 차선 이탈을 경고한다. 심지어 자율주행도 가능하다. 이 모두가 반도체가 있기 때문에 가능한 것이다.

---

11) **사물인터넷(internet of thing, IoT):** 생활 속 모든 사물을 유무선 네트워크로 연결해 정보를 공유하는 초연결 인터넷(혹은 인터넷 환경)을 말한다. 통신, 센서, 애플리케이션 등 반도체의 쓰임새가 무궁무진하다.

12) **인공지능(artificial intelligence, AI):** 인간 고유의 지식활동 즉 생각하고, 학습하고, 판단하는 능력 등을 컴퓨터 프로그램으로 실현한 기술. 공학에서 말하는 인공지능의 정의는 '문제를 푸는 기능'이다.

13) **AR · VR:** AR(augmented reality, 증강현실)은 현실의 공간에 가상적 요소를 넣어 현실처럼 체험하는 기술이다. 2016년 출시된 닌텐도 '포켓몬 고'가 대표적이다. VR(virtual reality, 가상현실)은 가상 공간 환경을 현실처럼 체험하게 하는 기술이다. 두 가지 모두 실감 영상기술로 대용량의 데이터 저장, 처리 반도체가 필요하다.

14) **클라우드(cloud):** 각종 데이터를 인터넷과 연결된 중앙 컴퓨터에 저장하여 언제, 어디서든 데이터를 이용할 수 있는 서비스를 말한다. 중앙 컴퓨터 서버를 '구름(cloud)' 모양으로 표시하는 관행에 따라 이름지어졌다.

현대 산업사회는 규석으로 된 반도체 없이 단 하루도 살 수 없다. 이쯤이면 우리가 규석기 시대에 살고 있다는 점에 이의를 제기할 수 없을 것이다.

인류 역사를 되짚어보면 석기 시대에는 돌을 잘 다루는 씨족이 번성하였고, 청동기 시대에는 구리를 잘 다루는 부족이 지배하였으며, 철기 시대에는 철을 잘 다루는 국가가 세계사를 주도하였다. 이제 규석기 시대에는 반도체를 잘 다루는 국가가 전 세계를 호령할 것이다. 특히 900여 년 전 진흙(규소)을 이용해 세계 최고의 명품, 고려청자를 만든 대한 민족은 규석기 시대의 주역이 될 것이 분명하다.

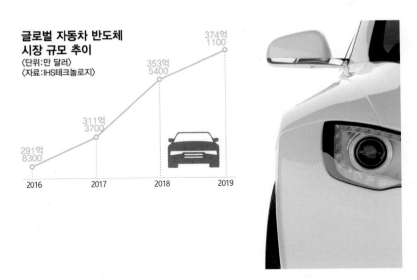

글로벌 자동차 반도체시장 규모 추이

원자의 세상

1. 태양계와 원자

인류의 시초부터 늘 우리를 따라다니던 질문이 있다. "저 우주에는 무엇이 있을까?", "생명은 어떻게 창조되었을까?", "세상은 무엇으로 이루어져 있는가?" 물질의 본질을 파악하고 세상을 이루는 요소를 알기 위한 여정은 고대 그리스에서 시작됐다. 세상의 모든 물질은 원소 4개의 조합으로 이루어졌다는 단순하면서도 매력적인 생각이었다. 흙, 불, 공기, 물…

우리 앞에 놓여 있는 컴퓨터는 언제부터 컴퓨터일까? 컴퓨터는 통상 반도체, 회로기판, 몸체를 형성하는 플라스틱과 쇠, 기타 수많은 부품 등을 모아 만들어진 것이다. 또한 부품 하나하나는 더 작은 부품과 소재로 만들어졌다. 이렇듯 물질을 나누고 나누면 가장 작은 단위인 원자가 나온다. 원자(atom)란 지구상에 존재하는 모든 물질을 구성하는 기본 입자이다.

앞서 반도체를 설명하며 전기 전도도를 언급했는데 전기는 다른 말로

'전자의 이동'이라고 말할 수 있다. 즉 "전기가 통한다"는 것은 "전자가 이동한다"는 의미이다. 전자는 우리 눈으로 존재를 확인할 수 없는 아주 미세한 존재이다. 그렇다면 이 전자는 어디에서 찾을 수 있을까? 바로 원자이다.

우리가 사는 태양계를 보자. 태양을 중심으로 수성, 금성, 지구, 화성, 목성 등 8개 행성이 각각 궤도를 따라 태양 주위를 돌고 있다. 원자의 구조도 비슷하다. 가장 간단한 수소(H) 원자를 예로 들면, 양전하(+)를 띠고 있는 원자핵[15]을 중심으로 음전하(-)를 띠고 있는 전자 하나가 돌고 있다. 특히 수소는 전자의 궤도가 하나만 있다는 점에서 달이 지구 주위를 돌고 있는 것과 비슷하다. 원자 1개의 크기를 축구장에 비유하면, 핵은 축구공, 전자는 주변을 날아다니는 파리 크기라고 할 수 있다.

태양계 행성과 수소 원자의 모형

---

15) **원자핵(atom nucleus):** 원자의 중핵을 이루는 부분으로 양성자와 중성자로 이루어져 있다. 중성자는 전하를 띠지 않고, 양성자는 양전하를 띠기 때문에 원자핵은 양전하(+)를 띤다.

반도체의 주된 재료가 되는 규소(Si) 원자는 좀 더 복잡하게 생겼다. 3개의 궤도가 있고 총 14개의 전자가 원자핵 주위를 나뉘어 돌고 있다. 가장 안쪽 궤도에 2개, 두 번째 궤도에 8개, 가장 바깥쪽 궤도에 4개인데, 가장 바깥쪽 궤도를 돌고 있는 전자를 최외각 전자, 혹은 가전자[16]라고 부른다. 가전자는 원자와 원자가 서로 결합할 수 있는 '손' 역할을 한다는 것으로 꼭 기억해야 한다.

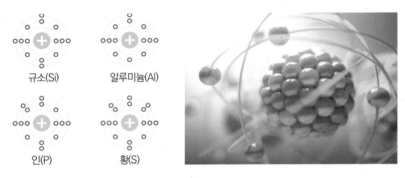

다양한 원자의 혹성 모형

이제부터 본격적인 반도체를 학습할 차례인데 심오한 과정에 앞서 간단히 전자, 전자공학을 되짚어보자. 전자공학이란 전자들의 운동에 관한 과학적 지식을 연구하는 분야이다. 전자는 원자보다도 작은 소립자의 거동으로 이해해야 하는데 그럼 전자는 어떻게 발견되었을까?

---

16) **가전자(valence electron):** 원자의 가장 바깥 궤도에 있는 전자. 주변 원자와 결합해 전기적 성질을 결정한다.

지금으로부터 약 400년 전 윌리엄 길버트(William Gilbert)는 호박 (amber, 나무에서 흘러나온 진 등이 굳어져 형성된 광물)을 천으로 문지를 때 발생하는 정전기 현상을 연구하기 시작했다. 그리스어로 호박을 'electrum' 이라고 부르며, 이것이 전기(electric)와 전자(electron)의 어원이 되었다. 하지만 전자가 발견된 것은 훨씬 후인 1897년 J. J. 톰슨(Joseph John Thomson)에 의해서였다. 그는 음전하(-)를 띠며 원자보다 크기가 훨씬 작은 소립자를 발견하였고, 이는 훗날 사람들에 의해 전자(electron)라고 불리게 되었다. 이 전자가 현대의 디지털 문명을 활짝 연 주인공이다.

2. 공유결합

사회의 가장 작은 단위가 가정이다. 남자(양)와 여자(음)가 만나 가정을 이루듯 물질에서는 핵(양)과 전자(음)가 만나 원자가 된다. 한편 가정이 모여 이웃을 만들 듯 원자와 원자가 결합해 수많은 물성재료를 만든다. 헌데 사회 외곽에는 독신, 외톨이, 이방인도 존재한다. 이들은 구속받기를 싫어한다. 핵의 영향력으로부터 떨어져 나온 '자유전자'처럼 말이다.

원자를 물질의 최소 단위라 했는데, 물질이라 함은 이러한 원자의 결합(원자가 모여 분자가 되고, 분자가 모여 물질이 됨)으로 만들어진다. 예를 들어 규소 원자는 4개의 최외각 전자를 갖는데, 이웃하는 규소 원자와 각각 4개씩을 내놓아 8개를 만들어 서로 결합하는 것이다. 이러한 결합이 3차원적으로 확장되면 규소 결정이라는 고체가 된다. 이렇게 전자를 공유하는 방법으로 결합이 이루어지는 것을 공유결합(covalent bond)이라고 부른다. 보통 원자는 8개의 최외각 전자를 채우려는 성질을 갖고 있다.

최외각 전자
(혹은 가전자)

규소 원자의 2차원 공유결합 모형과 순수 규소 결정

원자의 결합은 같은 종류끼리 결합하기도 하고 서로 다른 종류의 원자와 결합하기도 한다. 예를 들어 철 원자는 같은 원자와 결합했을 때 가장 안정된 철 물질이 되지만 산소 원자와 결합하면 산화철(iron oxide)이 된다. 공기 중에 노출된 쇠가 녹스는 것은 공기 중에 산소를 만나서 생긴 것이다. 또 산소 원자는 같은 산소 원자와 만나 산소 기체가 되기도 하고, 2개의 수소 원자와 만나면 물(H_2O)이 되기도 한다.

그렇다면 앞서 고체 상태의 규소에 전압을 걸어주면 어떤 일이 일어날까? 아무런 일도 일어나지 않는다. 앞서처럼 전기란 '전자의 이동'인데 원자 내의 모든 최외각 전자가 공유결합을 이루고 있어 자유롭게 움직일 수 있는 전자가 없기 때문이다. 즉, 부도체의 상태인데 이러한 반도체를 '진성반도체(intrinsic semiconductor)'라 한다. 그렇다면 이 진성반도체에 불순물을 섞어주면 어떻게 될까?

3. n형 반도체, p형 반도체

인류문명은 지구상에 존재하는 원소들을 섞어서 합금을 만드는 기술의 발달과 함께 진화해 왔다. 일례로 청동은 구리에 주석을 섞은 것인데 이 새로운 발견으로 청동기 문명이 싹텄다. 한편 원소들을 섞는 경우의 수는 알파고(AlphaGo)가 바둑돌을 놓는 수보다 훨씬 많다. 즉 최적의 물성은 어떤 과학적 지식, 이론적 배경보다는 끊임없는 실험의 결과이며 반도체 또한 그렇게 탄생하였다.

지구상에서 발견된 모든 원소들을 원자번호의 순서대로 배열하면서 물리적, 화학적 성질이 비슷한 원소들이 같은 '족(族)'으로 배열되도록 하나의 표로 분류한 것이 원소주기율표이다. 여러분은 한번쯤 아래 표를 보았을 것이다.

원소주기율표

앞의 표에서 규소를 살펴보면 원자번호 '14', 'Si'라 표기되어 있다. 즉 규소는 14개의 전자를 갖고 있고 'Si'라고 통칭해 부른다는 것이다. 한편 각각의 세로줄 내에 있는 원소들은 최외각 전자의 수가 같다는 공통의 성질을 갖고 있어 일렬로 배치하며 이를 족(族, 말 그대로 '가족')이라고 부른다.

규소가 포함된 줄을 보면 'C(탄소)', 'Ge(게르마늄)', 'Sn(주석)' 등이 있는데 이들은 모두 4개의 최외각 전자를 가지는 물질이다. 또 규소 왼쪽 열에는 'B(붕소)', 'Al(알루미늄)', 'Ga(갈륨)', 'In(인듐)'이 있는데 이들은 모두 최외각에 3개의 전자를 가지고 있는 물질이며 오른쪽 열의 'N(질소)', 'P(인)', 'As(비소)' 등은 5개의 최외각 전자를 가지고 있는 물질이다.

음식의 간을 맞추려면 조미료가 필요하다. 불순물 반도체도 이와 같다. 즉 반도체에 불순물을 넣어주면 된다. 이렇게 하면 전자를 이동시킬 자유전자와 정공이 만들어진다. 흔히 'p형 반도체', 'n형 반도체'라고 하는데 방법은 이렇다. 공유결합을 단단히 하고 있는 규소(Si)에 만약 5개의 가전자를 갖고 있는 비소(As)를 넣어주면 어떨까? 규소와 비소 각각 4개의 가전자가 손을 잡고(공유결합) 비소 전자 하나가 남을 것이다. 이 여분의 전자가 '자유전자'이다.

전기는 "전자의 이동"이라고 했다. 바로 이 자유전자가 이동하며 전기적 도체가 된다. 궤도를 이탈한 자유전자가 전기적 도체 역할을 하는 것이다. 이처럼 여분의 전자가 전기 전도성을 갖도록 하는 반도체를 'n형 반도체'라고 한다. 전자가 음의 전하량(-)을 갖기 때문에 'negative'의 머리글자를 따서 'n형 반도체'라고 부르게 된 것이다.

n형 반도체

그럼 p형 반도체는 뭘까? 규소(Si)에 가전자가 3개인 3족 원소 붕소(B)를 첨가하면 된다. 규소 4개 가전자와 공유결합을 이루면 전자가 하나 비어있는 상태, 즉 '정공'이 생긴다. 정공(hole)은 '가전자 하나가 없는 구멍'이라는 뜻이다.

그런데 정공은 주위에 있는 전자가 채울 수 있는 구멍이다. 만약 옆에 있는 전자 하나가 정공을 채우면 전자가 있었던 자리에 또 하나의 정공이 생긴다. 이러한 과정이 연쇄적으로 반복되면 전자가 이동하는 것과 같은 효과가 발생한다. 이와 같이 정공이 이동하면서 전기 전도성을 갖도록 하는 반도체를 'p형 반도체'라 한다. 정공이 양의 전하량(+)을 갖기 때문에 'positive'의 머리글자를 따서 'p형 반도체'라고 부르는 것이다.

P형 반도체

지금까지 n형 반도체, p형 반도체를 알아보았다. 반도체에 불순물을 주입하는 것을 '도핑(doping)'이라고 하는데 이런 이온주입법[17]은 가장 많이 사용되는 방법으로 불순물의 양에 따라 전기 전도도를 조절할 수 있다. 이때 자유전자와 정공은 반도체에서 전류를 흐르게 해주는 주인공 역할을 하게 되므로 '캐리어(carrier)'라고 부르기도 한다.

---

17) 이온주입법(ion implantation): 웨이퍼에 붕소 · 비소 등과 같은 불순물 이온을 주입하여 반도체 소자를 제작하는 방법. 3장에 자세한 설명이 있다.

제3절
디지털의 세계

1. 디지털의 이해

디지털 TV, 디지털 영화, 디지털 카메라…. 온통 보고 듣는 것이 디지털이다. 디지털 없이는 하루도 살 수 없는 세상이다. 디지털 만능시대에 아날로그는 느린 것, 불편한 것, 심지어 몹쓸 것이라는 선입감도 있다. 하지만 디지털이 너무 강조되다 보니 아날로그적인 감성을 호소하는 목소리도 높다.

인터넷 뱅킹의 영향으로 은행 지점이 속속 문을 닫는 요즘에도 돈을 통장도 아닌 벽장 구석진 곳에 보관하는 사람도 있고, 월급은 두툼한 봉투에 받아야 제맛이라는 직장인도 있다. 혼란한 세상에 정답은 없다. 하지만 우리가 그토록 디지털에 열광하는 것은 편리함 때문이다. 빠르고 정확한 것을 마다할 사람은 없다.

"자연계에 존재하는 어떤 에너지나 속도, 길이, 무게 등 측정이 필요한 것에 규격화된 수치를 매긴 단위와 형태를 가리킨다. 아날로그에 대응되는 개념으로 사용된다."

무슨 뜻일까? 수학공식? 원자기호? 아니다. 디지털의 사전적 의미를 적은 것이다. 우리 삶을 온통 뒤덮은 반도체, 그 반도체를 이해하기 위해서는 디지털의 의미를 정확히 알아야 한다. 이어지는 비트(bit), 바이트(byte), 나아가 반도체의 구조를 이해하기 위해서도 디지털의 정확한 이해는 필수적이다.

디지털을 이해하기 위해 그 반대인 아날로그에서 출발해 보자. 아래 원형 시계를 예로 들면 시침, 분침, 초침이 돌아가며 연속적으로 시간을 표시한다. 우리는 이 연속된 흐름 속의 일정한 시점을 몇 시, 몇 분 정도로 인식한다. "1시 35분쯤일 거야"라고 하지 결코 단정적으로 말할 수 없다. 좀 더 정밀한 밀리초(millisecond), 나아가 나노초(nanosecond) 단위로 끊는다 해도 마찬가지이다. 아날로그는 자연이며 자연은 머물러 있지 않다. 아날로그는 연속적으로 변하는 '양(量)'을 의미한다.

아날로그 시계와 디지털 시계

디지털(digital)이란 디짓(digit)이라는 용어에서 유래되었고, 이는 사람의 손가락이나 동물의 발가락을 의미한다. 손가락이나 발가락은 하나, 둘, 셋, 넷, 다섯 등의 자연수로 셀 수 있다. 손가락을 셀 때 1.2개라든지 1.23개라는 식으로 세지는 않는다. 이렇게 무엇인가를 셀 때 최소 단위의 정수배로만 나타내고 중간 값을 허용하지 않는 것을 디지털이라고 한다. 그림 우측 시계를 보면 '3시'라고 딱 끊어서 표시되어 있다. 아날로그가 연속된 '양(量)'을 의미한다면 디지털은 단절된 '수(數)'를 의미한다. 차갑지만 명료하다.

앞으로 배우게 되겠지만 반도체도 연속적인 데이터 양을 취급하는 아날로그 반도체가 있고, 최소 단위의 중간 값을 허용하지 않고 끊어서(올림 처리나 내림 처리를 해서) 데이터 양을 취급하는 디지털 반도체가 있다. 디지털은 '0과 1'이라는 이진숫자의 조합으로 모든 정보를 처리한다.

2. 아톰에서 비트로

아날로그 세상은 자연 그대로의 세상이다. 인간은 아날로그인 자연을 아날로그로 인식하고 아날로그로 간직하여 왔다. 여행지에서 즐거움이 아날로그였으면, 이를 아날로그 기술인 필름 사진에 담아 오랫동안 추억으로 간직해 왔다. 콘서트 홀에서 연주되는 아름다운 음악도 마그네틱 테이프나 레코드판에 아날로그로 담아두었다가 모닝커피 한 잔과 함께 감상했었다. 가장 자연스럽고 인간적인 접근이다. 그러나 디지털의 출현은 이 아날로그 세상을 '0과 1'이라는 단편적인 세상으로 바꾸어 놓았다. '0과 1'이라는 두 숫자(2진수)로 모든 자연을 기억하고 표현하는 것이다.

1992년 한중 수교 직후 필자는 중국을 여러 차례 다녀왔다. 그 중 흑룡강성은 중국 최북단으로 손꼽히는 낙후 지역이다. 그럼에도 어디든 눈에 띄는 간판이 있었다. 바로 노랑 바탕의 코닥(Kodak)이다. 중국만이 아니다. 한국도 불과 20~30년 전만 해도 동네 곳곳에 사진관이 있었다. 그만큼 사진은 아무나 찍는 것이 아니었다. 하지만 세상이 변했다. 휴대폰을 통해 DSLR[18]급 사진을 찍을 수 있다.

사진기는 렌즈를 통해 영상을 받아들여 필름에 투사하고 기록하는 방식이다. 디지털도 다르지 않다. 다만 필름의 역할을 CCD(charge coupled device)나 CMOS(complementary metal-oxide semiconductor)라는 이미지 센서에 기록하고, 사진을 디지털 저장매체에 저장하는 것이다.

부연 설명하면 렌즈를 통해 전달된 빛은 CCD를 통해 전기적 신호로 바뀌고, 이 신호를 다시 ADC(analog-digital converter)라는 변환장치를 통해 '0과 1'의 디지털 신호로 바꿔 메모리에 저장하는 것이다. CCD는 빛을 전기적 신호로 바꿔주는 광(光) 센서 반도체이다. 센서 반도체는 자연, 인간과의 인터페이스를 위한 대표적인 아날로그 반도체이다. 뒤에서 자세히 다룰 것이다.

---

18) DSLR(digital single lens reflex): 렌즈와 필름 사이에 거울을 사용하여 화상을 보여주는 일안 반사식(single lens reflex)을 디지털 방식으로 적용한 카메라이다. 용도에 따라 다양한 렌즈 교체를 할 수 있으며, 제조사별 차별화된 기능을 탑재하거나 혹은 다양한 성능을 보유한 제품들이 출시되고 있다.

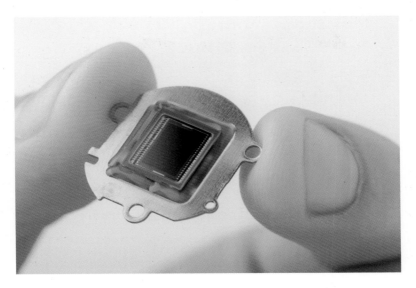

디지털 이미지 센서

CCD는 이미지를 이루는 점을 표현하는 화소(pixel)가 같은 범위에 몇 개 들어있느냐에 따라 성능이 구별된다. 우리가 흔히 디지털 카메라를 고를 때 "500만 화소냐?", "1000만 화소냐?"를 따지는 것은 바로 이 CCD에 들어간 화소 수를 말한다. 상식적으로 같은 범위에 화소가 많을수록 더 선명한 이미지를 얻을 수 있다.

최초의 디지털 카메라는 1975년 미국 코닥의 개발자였던 스티브 새슨(Steve Sasson)이 발명했다. 이 제품은 100×100 해상도(1만 화소)의 사진을 찍을 수 있는 CCD를 갖추고 있었다.

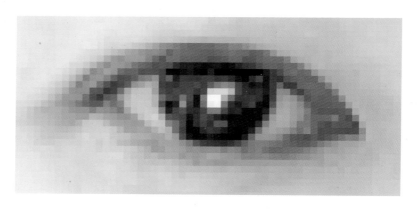

디지털 사진의 확대. 격자 모양의 무수한 화소(점)로 가득 차 있다.

디지털 기술의 놀라운 발전은 아날로그가 담당했던 기억과 복사 영역을 무섭게 잠식했다. 앞서의 디지털 카메라를 포함해 디지털 녹음기, 디지털 도서관 등으로 확대되는데, 이는 복제 및 보관이 쉽다는 디지털의 장점 때문이다. 디지털 복제는 기계나 육체적 노동을 사용한 복제와 달리 재생산에 필요한 비용(원료, 노동, 시간 등)이 거의 들지 않는다. 과거에 필사 또는 복사기를 사용하여 복제를 하던 시절과 비교하면 격세지감을 느낀다.

디지털 저장도 메모리의 지속적인 발전으로 낮은 가격으로 보관이 가능해졌다. 도서관이나 마이크로필름에 비하면 조작이나 공유 측면에서 감히 경쟁할 수 없다. 디지털의 더욱 놀라운 장점은 원본과 복사본의 품질이 균일하며 인터넷 등을 통해 손쉽게 유통할 수도 있다는 점이다. 원본과 다름없는 고품질의 디지털 복제물이 저렴한 가격에, 경우에 따라 무상으로, 그것도 실시간에 유통되는 획기적인 세계가 열린 것이다.

디지털은 여기서 그치지 않고 드디어 원본 생산에 관여하기 시작했다.

작곡가의 신시사이저[19]가 그 출발점이었으나 이제는 사이버 가수의 홀로그램 콘서트에 팬들이 열광하고 있다. 그리고 그 공연 실황은 다시 디지털로 제작되어 유통되는, 클론(clone)이 클론을 복제하는 시대가 도래한 것이다.

개방해서, 공유하고, 더 나은 참여를 촉진하는 혁신적인 세상, 이는 혁명이며 재화의 근원이 '아톰(atom, 물질의 최소단위)'에서 '비트(bit, 디지털의 최소단위)'로 이동한 것이다. 희소성에 바탕을 둔 아톰의 물질 경제를 비트의 풍요로움에 바탕을 둔 디지털 경제가 몰아내고 있는 것이다.

3. 아날로그로 느끼고, 디지털로 기억하고

앞서처럼 디지털은 단순명료하고 애매모호한 점이 없다. 이에 따라 점점 디지털은 우수하고 아날로그는 불편한 것으로 인식이 바뀌고 있다. 하지만 아날로그의 강점도 많다. 특히 인간의 감각이 작동하는 분야에는 아직도 아날로그가 우세하다.

스마트 워치가 급속하게 보급되고 있지만 아직도 스위스 명품 아날로그 시계는 부와 신분의 상징이다. 유튜브나 멜론을 통해 언제 어디서든 원하는 음악을 들을 수 있는 디지털 시대에도 LP[20]판으로 음악을 듣는 마니아 층이 있다. LP판은 미세한 홈으로 음파의 떨림을 연속된 흐름,

---

19) 신시사이저(synthesizer): 전자발진기(電子發振器)를 사용하여 온갖 음을 자유로이 합성할 수 있도록 고안한 악기. 입력 단계부터 디지털 처리이다.

20) LP(long playing record): 아날로그 음원 저장장치인 축음기 음반의 표준 중 하나. 지름 30cm, 1948년 콜롬비아레코드(Columbia Records)에서 개발하였다.

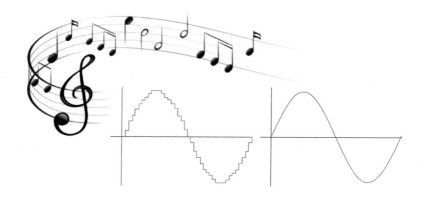

즉 아날로그 방식으로 기록하기 때문에 원음에 가까운 음악을 재생한다. 스펙트럼 분석기로 시각화해보면, LP판 음악은 연속된 곡선을 그리는데 반하여 CD(compact disc)나 MP3(MPEG3) 음악은 계단식 톱니형으로 되어 있다. 이런 미묘한 차이가 마니아의 귀에는 거슬리게 들린다고 한다.

하지만 최근 무손실 음원이 등장했다. '무손실 음원'은 음악을 최고 19만 헤르츠(Hz)[21]까지 분할하여 기록한 것이다. CD보다 4배 이상 촘촘히 끊어놓아 격자 계단 현상을 최소화한 음원이다. 그만큼 아날로그에 가깝다. 여러 청음테스트가 이어졌지만 인간의 청력으로 음질의 차이를 구

---

21) **헤르츠(Hertz, Hz):** 진동수의 단위. 진동 운동에서 물체가 일정한 왕복 운동을 지속적으로 반복하여 보일 때 1초에 이러한 반복 운동이 일어난 횟수를 일컫는 말이다. 뒤에서 설명한다.

별할 수 없었다고 한다. 이미 디지털과 아날로그의 경계는 무너졌다. 우리는 아날로그에서 고상함과 우아함, 연주회의 추억을 느낄 뿐이다.

한편 디지로그(digilog)라는 말도 등장했다. '디지로그'란 문화부 장관을 역임한 이어령 박사가 처음 쓴 용어로 '디지털 기반과 아날로그 정서의 융합'이다. 이어령 박사는 "세계 문명은 디지로그 시대로 가고 있으며 비빔밥으로 대표되는 한국의 융합 문화는 디지로그에 강하다"고 말했다.

반도체 용어

1. '0'과 '1'의 세계

대한민국 IT산업을 말할 때 종로 세운상가를 빼놓을 수 없다. 필자와 같은 386세대라면 재미났던 추억이 하나쯤 있을 것이다. 당시 필자는 중학교를 강북에서 다녀 유독 세운상가를 즐겨 다녔다. 전자에 관심이 있었던 것은 아니고 그곳에 가면 특별한(?) 것을 구할 수 있었기 때문이다.

1988년 창업한 필자의 첫 사업은 PC 제조였다. 거창하게 제조이지 실상은 세운상가에서 조립 PC를 꾸며 나만의 상표를 붙인 것이다. 당시 경쟁 기업은 삼보컴퓨터, 대기업으로는 IBM, 애플 등이 있었는데 PC 보급이 급격히 늘며 제법 큰 돈을 모았다.

반도체를 이야기하자면 컴퓨터부터 알아야 한다. 컴퓨터는 각종 회로 부품들로 가득 채워져 있으며 회로기술이 곧 반도체이다. 컴퓨터 공부의 시작은 비트(bit)의 이해로부터 출발하여야 한다. 우리는 글을 쓸 때 문자와 숫자로 표시한다. 컴퓨터 역시 말과 숫자가 있다. 바로 '0과 1'이다. 컴퓨터는 0과 1만으로 말하고, 쓰고, 기억한다. 이 점을 꼭! 기억하자.

우리는 일상생활에서 10진수를 사용하고 있다. 10진수의 뜻을 되짚어 보자. 10진수란 숫자를 셀 때 0, 1, 2, 3, … 9까지의 10개의 숫자를 사용하고, 9 다음에는 자리올림이 발생하여 1과 0을 합하여 10이 되도록 하여 수를 표시하는 방법이다. 같은 방법으로 2진수를 만들 수 있다. 2진수란 말 그대로 두 개의 숫자를 이용하는 것이다. 그 두 자릿수가 0과 1이다. 사람은 손가락이 열 개이므로 자연스럽게 10진수를 사용하는데 컴퓨터는 손가락이 두 개(?)밖에 없어 2진수를 사용한다고 한다.

컴퓨터는 전기적 신호를 손가락으로 사용하므로 엄지, 검지, 장지 등으로 하는 10개의 상태를 만들기에 매우 어렵다. 단지 전기가 '있다(1)', '없다(0)'라는 2개의 상태는 매우 익숙하고 편리하다. 그래서 컴퓨터는 0과 1만 사용하는 2진수를 쓰는 것이다.

2진수로 셈을 해보자. 0 다음은 1이다. 그런데 그 다음이 2가 될 수 없다. 그러니 한 자리를 올려서 일십(10)이 된다. 그 다음은 일십일(11), 그 다음은 자릿수를 올려 일백(100), 일백일(101), 일백십(110), 일백일십일(111), 일천(1000) 순으로 센다. 2가 올 수 없다는 점에 주의해 다음과 같이 2진수로 셈을 해보자.

10진수	2진수
0	0
1	1
2	10
3	11
4	100
5	101

자릿수 증가

자릿수 증가

10진수와 2진수의 비교

컴퓨터는 숫자를 2진수로 사용하는 것을 알았다. 그러면 문자는 어떻게 표시할까? 숫자밖에 모르는 컴퓨터가 문자를 이해하기 위해 '코드(code)'라는 것을 발명하게 된다. 각 문자에 2진수 값을 할당한 것이다. 예를 들면 영문자 'A'는 2진수 8자리, '01000001'로 약속했다. 전신에서 사용하던 모스 부호에서 힌트를 받은 것이다. 모스 부호로 'A'는 돈쓰(· −)이다.

한국어도 마찬가지다. 한글 'ㄱ'은 '0001000000000000'이다. 16자리인데 조금 긴 느낌이 든다. 한글이 긴 것은 자음, 모음, 받침 등을 결합하여 사용하는 특성 때문이다. 한글을 2진수로 표현하는 한글코드는 조합형, 완성형, 유니코드형 등 여러가지 방식이 있어서 16자리로 단정짓기에는 어려운 부분도 있다.

여기서 잠깐! 문자 A를 '01000001'로 한다면, 2진수 숫자 '01000001', 즉 10진수 숫자 65와 구별이 불가능하다. 이런 문제점을 해결하기 위해, 여기서는 '숫자 의미', 저기서는 '문자 의미'로 사용한다고 미리 정해주어야 한다. 이를 '형 선언'이라고 하며 프로그램에서 다루는 영역이다.

8자리 이진수   16자리 이진수

컴퓨터에 문자를 표시할 때

알파벳을 사용하는 미국 등 영어권에서 자신들이 사용하는 모든 문자에 2진수를 할당하여 표준을 만들어 놓은 것을 미국 표준 즉, '아스키 코드(American standard code for information interchange, ASCII)'라고 한다. 아스키코드는 8자리 2진수로 소문자, 대문자를 포함한 모든 알파벳을 표현할 수 있다.

2진법의 모태는 먼 과거 원시부족사회로 올라간다. 이들 사회는 매우 단순하여 '하나' 다음에 '둘' 그리고 그 이상이면 무조건 '많다'였다. 근대의 2진법은 17세기의 수학자 라이프니츠(Gottfried Wilhelm von Leibniz)가 발명했다고 한다. 그런데 그가 2진법을 만들게 된 계기가 흥미롭다. 1679년 라이프니츠는 중국에 선교사로 파견되었던 동료로부터 편지를 받았다. 거기에는 중국의 《주역본의(周易本義)》에 나오는 64괘에 대한 내용이 들어있었는데 이 그림을 훑어보던 그는 문득, 우주의 생성과 소멸이 '유와 무', '존재와 부재'라는 음양의 자연법칙임을 깨닫고 이를 수학적 사고와 결부시키게 된다. 즉 있고(1), 없음(0)의 두 가지 상태로 모든 삼라만상을 설명하고 표현할 수 있다고 생각한 것이다.

디지털이 세계 문명 시계를 100년 앞당겼다고 한다. 초연결로 대표되는 4차 산업혁명 시대에는 바닷가 모래알 하나에도 IP주소(4개의 8자리 2진수로 구성)가 붙을 것이다. 그런데 서구 과학 문명의 혜택으로만 알았던 디지털이 동양 철학, 그것도 지난 5,000년 간 한민족의 사상적 원형인 음양의 원리로 탄생되었다는 것은 매우 아이러니하고 의미심장한 일이다. 반도체 강국은 결코 우연이 아니다.

2. 비트, 바이트

1980년대 PC성능은 매우 열악했다. 컴퓨터의 두뇌라 할 수 있는 CPU는 16비트, 32비트에 불과했다. 스피드도 5~10메가헤르츠(MHz) 정도로 기억된다. 우리는 컴퓨터의 성능을 말할 때 '비트(bit)', '바이트(byte)'

라는 표현을 쓰는데 그 의미를 알아보자.

'비트'란 컴퓨터가 데이터를 처리하는 가장 작은 단위이다. 1비트는 2진수의 '0' 또는 '1'의 값 하나이다. 즉 2진수를 처리하기 위한 물리적 최소 장치가 비트이다. 참고로 비트는 'binary digit', 즉 2진 숫자의 합성어이다. 그렇다면 비트가 왜 컴퓨터의 성능을 좌우할까? 통상 16비트 CPU라 하면 데이터의 처리 단위가 16개로 묶여 있음을 의미한다. 즉 한 번에 읽거나 쓰거나 계산하는 데이터의 길이가 16비트라는 뜻이다. 당연히 8비트 단위로 처리하는 것에 비하여 속도가 2배 빨라진다.

바이트(byte)란 8개의 비트(bit)를 묶은 것인데 영어 알파벳의 아스키 코드가 8자리 2진수를 사용하기 때문이다. 한편 혼란이 없도록 비트(bit)는 소문자 'b'로 표현하고 상위 단위인 바이트(byte)는 대문자 'B'로 표현한다. 예를 들면 '2Mb'라고 표현하면 '2메가비트'이고, '2MB'라고 표현하면 '2메가바이트'가 된다.

비트와 바이트

바이트는 어원이 불명확한데, IBM에서 가장 먼저 사용하였으며

'bite(베어 물다)'에서 나왔다는 설이 유력하다. 즉 8개의 비트를 나열한 것이 흡사 이빨자국처럼 보인다는 것이다.

3. 셀(cell)

컴퓨터는 데이터를 어떻게 저장할까? 바둑판을 예로 들어보자. 바둑판은 가로와 세로 모두 19줄이 그어져 있어 총 361개의 교차점과 324개의 네모칸이 만들어진다. 이 네모칸 모두에 바둑알을 놓는다면 324개가 놓일 것이다. 컴퓨터도 마찬가지이다. 셀(cell)이라는 최소한의 칸을 만들어 여기에 데이터를 저장한다. 세포라는 의미의 셀(cell)과 같다.

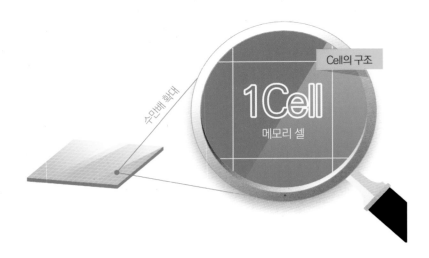

메모리 셀(memory cell)의 예시

최근 솔리드 스테이트 드라이브(SSD)[22]를 많이 사용한다. 하드 디스크 드라이브(HDD)[23] 대비 빠른 속도와 휴대가 용이하다. SSD는 메모리 카드[24], USB 메모리[25] 등과 같이 대표적 플래시 메모리(flash memory)[26] 제품이다. 한편 제품을 자세히 살펴보면 SLC, MLC, TLC와 같은 단어를 접할 수 있다.

고속도로를 예로 들자. TLC는 도로에 차가 3대가 움직이고, MLC는 2대가, SLC는 1대가 움직인다고 가정했을 때, 이동하는 속도나 도로의 수명은 SLC 〉 MLC 〉 TLC 순일 것이다. SLC(single level cell)는 동일 메모리 셀에 1개의 비트를 저장하고, MLC(multi level cell)는 2개, TLC(triple level cell)는 3개를 저장한다. 당연하지만 차선을 혼자 달리는 SLC가 월등하다. 물론 가격도 그만큼 높다.

---

22) **솔리드 스테이트 드라이브(solid state drive, SSD):** 반도체(주로 낸드 메모리)를 이용화여 정보를 저장하는 장치이다. 기존 PC에서 사용하던 하드 디스크 드라이브(HDD)에 비해 빠른 읽기나 쓰기가 가능하다. 또한 물리적으로 움직이는 부품이 없기 때문에 작동 소음이 없으며 전력 소모도 적다.

23) **하드 디스크 드라이브(hard disk drive, HDD):** 둥근 자기 디스크를 회전시켜 데이터를 읽고 저장할 수 있는 저장장치이다. HDD는 반도체가 아니다.

24) **메모리 카드(memory card):** 디지털 카메라, 스마트폰, 블랙박스 등 소형·이동 기기에 주로 사용하는 외부 저장장치. 다양한 규격이 존재하나 플래시 메모리를 사용해 데이터를 저장한다는 점에서는 동일하다. 2016년 기준으로, 가장 작은 메모리 카드는 마이크로 SD카드이다. SD카드의 4분의 1 정도의 크기이다.

25) **USB 메모리:** USB(universal serial bus, 컴퓨터와 주변기기 사이에 데이터를 주고받을 때 사용하는 버스 규격 중 하나)와 플래시 메모리를 결합해 만든 저장장치.

26) **플래시 메모리(flash memory):** D램과 함께 대표적 메모리 반도체이며 전원이 끊겨도 저장된 정보가 지워지지 않는 특징을 가지고 있다. 뒤에서 자세히 다룬다.

최근에는 셀당 4비트를 저장할 수 있는 QLC(quad level cell)도 개발되고 있다. 최근 급성장을 보이고 있는 SSD 시장에서 TLC 비중은 2017년 50% 이상으로 성장하고, QLC도 2017년 이후 시장에 보급될 예정이다.

D램은 좀 다르다. 각각의 메모리 셀에 한 개의 비트만을 저장한다. '1셀 = 1비트 = 1트랜지스터'이다. 예를 들어, 저장 용량이 '1메가바이트(MB)'라고 하면 100만 바이트(byte)로, 1바이트는 8개의 비트 즉, 8개의 트랜지스터이니 그 반도체 안에 반도체 트랜지스터 스위치가 800만 개 만들어져 있다는 말이다. 그러면 '1기가(GB)'는 10억 바이트로 80억 개의 트랜지스터가 엄지손톱만 한 면적에 만들어져 있는 것이다.

한편 셀을 만드는 방식에는 '스택(stack)'과 '트렌치(trench)' 방식이 있다. 말 그대로 '쌓거나', '구덩이를 파는' 것이다. 초기 저장용량이 크지 않은 제품은 평면에 셀을 배치하는 것에 큰 문제가 없었다. 하지만 용량이 점점 커지며 평면에 대량의 셀을 확보하기가 물리적으로 불가능했다. 이때 생각해낸 아이디어가 셀을 복층으로 만들거나 지하로 파내려가는 스택과 트렌치 방식이었다.

이건희 삼성 회장의 에세이집 「생각 좀 하며 세상을 보자」에 이런 글귀가 있다. "아래로 파는 것보다 위로 쌓는 게 쉽지 않겠어요?" 1987년 그가 던진 이 한마디가 한국 메모리 반도체 산업의 운명을 바꿨다. 삼성이 4메가 D램을 개발할 당시 이 회장은 반도체 셀을 위로 쌓는 스택 방식이 아래로 파내려가 공간을 확보하는 트렌치 방식보다 쉬울 것이라 생각했다. 트렌치는 칩을 작게 만드는 데는 유리했지만 지하로 파고 내려가기 때문에 내부를 볼 수 없어 하자 발생 시 거의 속수무책이었다. 그럼에도 당시 세계 1위였던 도시바는 삼성과 달리 트렌치를 선택했고, 결국 삼성은 1993년 D램 시장 세계 1위에 올랐다.

4. 헤르츠(Hz)

한편 CPU의 성능을 말할 때 헤르츠(Hz)라는 또 다른 표현을 쓴다. 헤르츠는 진동수의 단위이다. 진동 운동에서 물체가 일정한 왕복 운동(사이클)을 지속적으로 반복할 때 초당 반복 운동이 일어난 횟수를 일컫는 말이다.

컴퓨터에서는 전기 신호를 처리하기 위해 헤르츠를 박자로 활용하고 있다. 즉 헤르츠에 맞춰 '영차', '영차' 1개씩 작업을 처리한다. 마치 보트를 젓는데 콕스(coxswain)의 드럼에 박자를 맞추듯 CPU 안에 있는 장치들이 헤르츠에 맞춰 공동작업을 하게 된다. 그러므로 헤르츠가 빠를수록 컴퓨터 성능도 빨라진다. 100Hz면 1초에 100회 작업할 수 있다는 뜻이다.

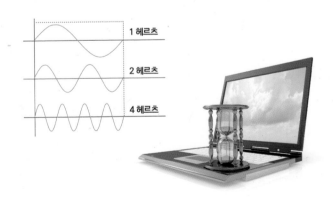

1초간에 1사이클의 주파수를 1Hz라 한다(1Hz = 1cycle/sec)

흔히 비트와 헤르츠를 도로의 차선 수와 차의 속도로 비유하는데, 많은 차선에 성능 좋은 차가 달리면 당연히 운송 효율이 높다. 1980년대 CPU는 8비트에 속도는 5~10MHz였는데 최근 인텔 Xeon CPU는 무려 64비트에 3.8GHz이니 무려 8천배나 속도 차이가 나는 것이다.

5. 메가, 기가

비트, 바이트 그리고 헤르츠를 알아보았다. 비트 수가 크고 헤르츠가 높을수록 컴퓨터는 빨라진다. 그렇다면 비트, 바이트 이상의 크기는 어떻게 표시할까? 이제부터는 메가, 기가 등의 용어가 등장한다. 우리에게 좀더 익숙하다.

킬로(kilo)는 1천이고, 메가(mega)는 1백만이며, 기가(giga)는 10억이다. 각각 'K', 'M', 'G'로 표시한다. 그런데 컴퓨터에서는 약간 다르다. 킬로는 1,024이다. 컴퓨터는 2진수를 사용하는데, 2의 10승이 1,024로 1천에 가깝기 때문이다. 즉 1,024바이트가 1킬로바이트(KB)가 된다. 따라서 1메가바이트(MB)는 1,024킬로바이트(KB), 그러니 1,024×1,024해서 1,048,576 바이트(byte)이다. 더 나아가 1기가바이트(GB)는 1,024메가바이트(MB)가 되며, 상위 단위인 테라바이트(TB), 페타바이트(PB) 등도 1,024배씩 높은 단위이다.

그렇다면 1기가바이트는 어느 정도의 크기일까? 요즘은 UHD[27]급

---

27) **UHD(ultra high definition):** 디지털 비디오 포맷으로 약 800만 화소, 즉 가로세로 3840×2160에 해당하는 영상 품질을 말한다. HD급의 8배, Full-HD급보다 4배 선명하다.

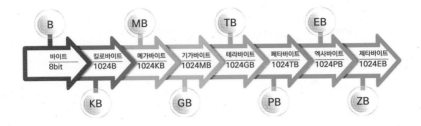

메모리 용량과 단위

화질도 나오지만 오래 전 HD급 영화 1편이 1GB 정도였다. 음악 256곡 정도를 수록할 수 있었다. 요즘은 영화 한편이 10GB, 20GB가 되기도 한다. 몇 해 전 〈아바타〉라는 영화가 크게 흥행하였다. 특히 3D가 볼 만했는데, 선명한 화질과 입체 효과에 감탄했다. 이 영화는 소장 가치가 높아 DVD, 블루레이 등으로 보관하는 경우도 많은데 초고화질 영상에 3D, 자막, 제작 후기까지 고려하면 10~20GB의 큰 용량을 차지한다. 3D 영화는 좌우 2개 영상을 모두 담기 때문에 기본 용량에서 2배 차이가 난다. DVD는 보통 4.5GB, 블루레이는 30GB 정도를 보관할 수 있다.

2013년 5월, SK텔레콤은 1일 데이터 전송량이 1페타바이트(PB)를 돌파했다고 밝혔다. 개별 통신사의 1일 데이터 전송량이 '페타바이트' 단위를 넘기기는 이때가 처음이다. 1페타바이트는 영화 150만 편을 전송할 수 있는 매우 큰 용량이다. 만약 MP3 플레이어에 1페타바이트 음원을 저장한다면 쉬지 않고 2000년을 들을 수 있다. 최근 스마트폰의 확대 보급으로 데이터 전송량이 급증하여 조만간 엑사바이트(EB), 제타바이트(ZB), 요타바이트(YB)라는 용어도 익숙하게 될 것이다. 이를 반영한 재미난 통계도 있다.

다국적 기업 시스코에 따르면 2018년경 인터넷에서 쏟아내는 한 해 데이터 양이 403제타바이트에 이른다고 한다. 이 중 90%는 비디오다. 이를 처리·저장하는 반도체 용량도 당연히 늘어날 것이다. 만약 무어의 법칙 28)이 지켜진다 가정할 때, 2030년이면 마이크로 SD카드의 저장용량은 인간 두뇌 정보 저장량의 2만 배까지 늘어날 것이다. 이런 가정에 무리는

디지털 TV의 화질 비교

---

28) **무어의 법칙(Moore's law):** 반도체 집적회로 속 단위 면적당 트랜지스터의 수가 매 18개월마다 2배씩 증가한다는 법칙. 즉 단위 칩당 넣을 수 있는 트랜지스터의 수가 2배씩 늘어나므로 처리속도, 메모리 양도 덩달아 2배가 된다. 1965년 인텔의 공동 창업자인 고든 무어(Gordon Moore)가 주장하였다.

있지만 계속 무어의 법칙이 적용된다면 2050년에는 전 인류의 두뇌 저장 용량을 마이크로 SD카드 한 장에 저장할 수 있다는 추정도 가능하다.

6. 마이크로, 나노

요즘 나노 화장품이 인기다. 나노미터(nm) 크기의 입자는 피부세포의 간격보다 훨씬 작기 때문에 피부에 쉽게 흡수된다. 특히 노화를 방지하는 생리활성 물질과 쉽게 결합하는 특징으로 여성들에게 큰 인기다.

반도체에서 페타바이트(PB), 엑사바이트(EB), 제타바이트(ZB)라는 거대 단위에 대응하는 마이크로(micro, μ), 나노(nano, n)라는 한없이 작은 단위도 사용된다. 마이크로머신, 나노테크놀로지, 나노공정 등과 같이 극소 단위 개념은 반도체를 이해하는 기본 중에 기본이다. 그렇다면 나노는 얼마나 작은 걸까?

나노는 10억분의 1을 의미한다. 고대 그리스 난쟁이를 뜻하는 '나노스(nanos)'란 말에서 유래되었다. 이보다 큰 것이 마이크로이다. 길이로 보면 1미터의 1천분의 1은 1밀리미터(mm), 1백만분의 1은 1마이크로미터(μm), 10억분의 1은 1나노미터(nm)이다. 너무 작아 감이 잘 오지 않는다면, 예를 들어보자. 지구와 탁구공을 대입하여, 지구를 10억분의 1로 쪼개면 탁구공 크기가 된다. 탁구공이 나노의 크기인 것이다. 사람으로 비유하면, 머리카락 굵기가 70마이크로미터 정도이니 1나노미터는 머리카락 굵기의 7만분의 1의 길이가 되는 셈이다. 한편 물질의 가장 작은 단위인 원자의 크기는 0.1나노미터이니 나노의 세계는 곧 원자의 세계이기도 하다.

BC 4세기경 그리스의 철학자 데모크리토스(Democritos)는 물질을 한

없이 쪼개면 원자로 나뉘진다는 사실을 알아냈다. 그로부터 2500년이 지난 21세기 현대과학은 원자를 쪼개기도 하고 붙일 수도 있게 되었다. 나노 시대에 접어든 것이다. 거대 숫자에 페타, 엑사, 제타가 있듯 나노의 1천분의 1로 피코(pico)가 있고 그 1천분의 1은 펨토(femto), 이어서 아토(atto), 젭토(zepto), 욕토(yocto)가 있다.

마이크로미터, 나노미터

2016년 3월, 삼성전자는 18나노 D램 양산에 들어갔다고 밝혔다. D램의 10나노대 진입은 삼성이 최초이다. 18나노, 20나노, 반도체에는 항상 나노라는 말이 붙는다. 반도체에서 나노는 회로 '선폭(width)'을 의미한다. 앞으로 계속 나오겠지만, 반도체는 회로기술이며 회로는 눈에 보이지 않을 정도로 가는 선이다. 숫자가 작을수록 회로 간격이 더 좁은 것이며 같은 면적에 더 고용량의 제품을 만들 수 있는 것이다.

1959년 노벨물리학상 수상자인 리처드 파인만(Richard Feynman) 교수는 백과사전 24권에 있는 모든 내용을 압정 크기의 실리콘에 모두 저장할 수 있는 시대가 올 것이라고 말했다. 당시는 물론 허무맹랑한 이야기였지만, 최근 바른전자 마이크로 SD카드 용량이 256GB이다. 손톱만한 카드 안에 장서 수천 권을 저장할 수 있다. "지식정보화 사회를 넘어 나노 시대로 접어들었다." 수년 전까지 다소 낯설었던 문구였지만 이제는 나노를 넘어 피코를 말하는 시대이다.

영화를 즐겨보는 사람이라면 지난 1980년대 개봉한 〈이너스페이스〉라는 영화를 기억할 것이다. 주인공이 모기 눈알만한 잠수정을 타고 인체 곳곳을 탐험하게 되는데 연인의 뱃속에서 자신의 아이를 발견하기도 한다. 영화의 설정은 과학적 상식을 초월하지만 어찌됐든 나노의 세상을 체험할 수 있는 무척 재미난 영화이다. 현실에서도 극소 기계장치가 개발되고 있다. 멤스(micro electro mechanical systems, MEMS)라는 반도체

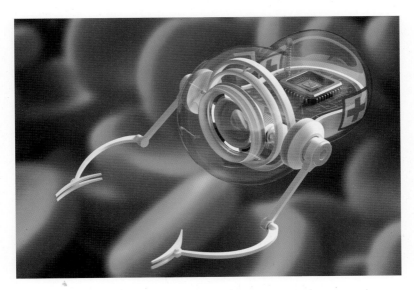

박테리아, 바이러스와 싸우는 나노 로봇. 먼 미래 이야기가 아니다.

기술은 마이크로 수준의 초소형 정밀기계 제작기술을 말하며 초고밀도 집적회로, 머리카락 절반 두께의 초소형 기어, 손톱 크기의 하드 디스크 등 초미세 기계구조물을 만든다. 뒤에서 자세히 설명하기로 한다.

7. 연산과 기억

컴퓨터와 반도체를 이해하는 데 한 가지 더 필요한 지식이 있다. '연산'과 '기억' 기능이다. 컴퓨터는 인간의 정신노동을 보조하기 위해 발명되었다. 인간의 정신노동은 크게 연산하고 기억하는 것이라 볼 수 있다. 수학 문제를 풀거나 어떤 옷을 살 것인지를 결정하는 것은 연산하는 일이다. 이에 반해 구구단이나 어려운 수학 공식을 외우고, 장롱에 어떤 옷이 들어있는지 떠올리는 것은 기억하는 일이다.

사람 중에는 단순 암기는 잘하지만 판단력은 약한 사람이 있고, 매우 우수한 판단력을 갖고 있지만 기억력은 보통 이하인 사람도 있다. 직업으로 보면 매일 어려운 판단에 직면하는 경영인이나 판사는 판단, 즉 연산 능력이 요구되고, 많은 대사를 외워야 하는 배우나 거래처를 하나하나 기억해야 하는 영업사원에게는 기억 능력이 요구된다. 한국을 흔히 메모리(반도체) 강국이라 하는데 이는 어쩌면 한국 교육과 깊은 관련이 있을 것이다. 창의력을 중시하는 서구 교육과 달리 한국은 주입식 암기 교육을 우선하기 때문이다.

천재 물리학자인 아인슈타인(Albert Einstein)은 기억력이 나쁘기로 유명했다. 특히 집 전화번호를 기억하지 못해 책에서 찾거나 비서에게 물어보곤 했다. 답답했던 사람들이 왜 전화번호를 외우지 않느냐고 물어보면

"적어두면 쉽게 찾을 수 있는 것을 뭐하러 기억하느냐"라고 반문했다. 아인슈타인은 대단한 실용주의자였는지 모른다. 그가 남긴 유명한 말이 있다.

"우리는 모두 천재다. 그러나 물고기가 얼마나 나무를 잘 타는지로 능력을 잰다면, 그 물고기는 한 평생을 자기가 멍청한 줄 믿고 살 것이다."

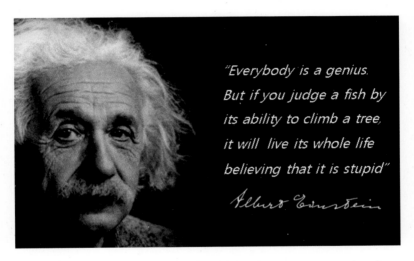

"Everybody is a genius. But if you judge a fish by its ability to climb a tree, it will live its whole life believing that it is stupid"

알버트 아인슈타인(Albert Einstein, 1879~1955)(출처: Wikimedia Commons)

반도체도 인간의 정신노동을 대신하기 위해 연산, 기억하는 기능으로 전문화되기 시작했다. 연산하는 반도체는 시스템 반도체이고, 기억하는 반도체는 메모리 반도체이다. 연산하는 성능은 '속도'가 좌우하고 기억하는 성능은 '크기'가 좌우한다. CPU의 성능은 연산 속도인 헤르츠로 측정하고 메모리의 성능은 크기(메가바이트, 기가바이트 등)로 측정한다.

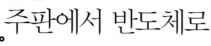

제 5 절
주판에서 반도체로

1. 파스칼의 계산기

요즘은 컴퓨터 없이 살 수 없는 시대이다. 컴퓨터는 다양한 전자회로를 이용해 데이터를 처리하는 기기이다. 하지만 폭넓은 의미에서 컴퓨터는 전자회로의 유무와 관계없이 계산을 하는 기기 전반을 가리킨다. 컴퓨터는 '계산하다' 라는 뜻을 가진 라틴어인 'computare'에서 유래되었다.

지금까지 반도체란 무엇인지, 또 그 성질 및 원리를 알아보았다. 이번 절은 계산기로 시작된 반도체의 탄생 과정을 살펴볼 것이다. 반도체를 공부하며 고리타분한 역사를 꼭 알 필요는 없다. 역사는 재미없다. 하지만 알아두면 유익하다.

인간은 일찍부터 수학 계산을 자동으로 할 수 있는 방법을 연구해 왔다. 가장 성공적인 발명품은 주판이다. 기원전 2600년경 중국에서 발명되었다. 그러나 주판은 인간이 머리에서 계산한 결과를 임시 기록할 뿐이며 실제 판단, 즉 스위치 기능은 인간의 머리에서 하게 된다. 따라서 계산 도중 수셈이 잘못되거나 '툭' 건드리기라도 한다면 처음부터 다시 하거나 틀린 답을 얻을 수 밖에 없다.

실제 인간의 머리를 쓰지 않고 오류 없이 계산을 자동적으로 하는 기계는 1642년 인간을 '생각하는 갈대'로 비유한 프랑스의 블레즈 파스칼(Blaise Pascal)이 발명하였다. 톱니바퀴와 지렛대 원리를 이용하여 덧셈, 뺄셈, 곱셈, 나눗셈, 즉 사칙 연산을 할 수 있었다. 주판을 자동화시킨 것이다.

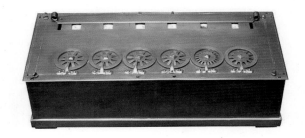

블레즈 파스칼의 계산기(출처: Wikimedia Commons)

회계사인 아버지 밑에서 자라난 파스칼은 수학 천재였다. 12세에 삼각형의 내각의 합이 180도라는 사실을 스스로 깨달았다고 한다. 14세에는 프랑스 최고의 수학자 학술회에 정규 멤버가 되었다. 파스칼은 아버지의 일을 돕다가 계산에 너무 많은 시간을 할애하는 것을 보고 정확하고 빠른 계산을 위한 최초의 계산기, 파스칼린(Pascaline)을 19세에 발명하게 된 것이다.

2. 컴퓨터의 아버지 찰스 배비지

　모든 발명이 그러하지만 계산기 역시 군사적 목적을 위하여 개량되어 왔다. 포탄의 궤적을 계산하려면 사칙연산으로 불충분하였고 미적분 계산이 필요하였다. 19세기 초에 활동한 영국의 찰스 배비지(Charles Babbage)는 평생을 바쳐 미분을 자동으로 계산할 수 있는 계산기 개발에 전념하였다. 톱니바퀴와 지렛대의 원리를 활용한 것이다. 그의 생애 중에 완성하지 못했지만, 배비지의 탄생 200주년을 기념하기 위해 런던 과학박물관에서 그의 설계를 그대로 따라 만든 계산기는 미적분 및 삼각함수를 자동적으로 계산하였다. 그 공적을 기려 찰스 배비지를 '컴퓨터의 아버지'라고 부른다.

Charles Babbage
(December 26, 1791 - October 18, 1871)

찰스 배비지와 그의 해석기관(출처: Wikimedia Commons)

　그의 탁월한 명성 때문이었을까? 배비지는 완벽주의자였다. 이를 증명하는 재미난 일화가 있는데 배비지의 어린 시절, 당대에 유명한 시인인 알프레드 테니슨(Alfred Tennyson)의 시 구절 중 "1분마다 한 사람이 죽고, 1분마다 한 사람이 태어난다"라는 글귀가 있었다. 까칠한 배비지는 이를 따졌다.

"이런 계산이면 세계 인구는 영원히 균형 상태를 유지합니다. 그러나 세계 인구가 끊임없이 늘어나고 있다는 것은 널리 알려진 사실이지요. 그래서 귀하의 뛰어난 시를 다음과 같이 바로잡으면 어떨까요?", "모든 순간에 한 사람이 죽고, 1과 1/6의 사람이 태어난다." 이를 듣고 화가 난 테니슨은 자기의 시를 이렇게 고쳤다고 한다. "모든 순간에 사람이 죽고, 모든 순간에 사람이 태어난다."

하나부터 열까지 꼬치꼬치 따져 묻는 괴짜 성격은 분명 여럿을 힘들게 했을 것이다. 하지만 대충을 모르는 꼼꼼한 성격이 결국 컴퓨터의 시초가 된 해석기관을 만들었으니 뭐라 할 수는 없다. 배비지의 해석기관은 여러모로 놀라웠다. 50자리 수까지 계산하는, 지금의 CPU에 해당하는 '밀(mill)'이라는 장치와 메모리에 해당되는 '스토어(store)'라는 저장장치가 별도로 있었다. 또한 오늘날 프린터의 역할을 대신해 준 인쇄 기기까지 완벽하게 갖추고 있었다.

3. 진공관

반도체는 진공관에서 시작된다. 진공관이라고 하면 오디오 마니아가 금지옥엽 소중히 다루는 구식 앰프를 연상할 수 있는데, 진공관은 물질이 존재하지 않는 빈 공간(진공)에 전극을 넣어 열전자[29]의 작용에 의해 증폭, 정류, 발진, 변조 등의 작용을 일으키는 중요한 전자부품이다.

1883년 에디슨(Thomas Alva Edison)이 백열전등을 발명하면서 '에디슨 효과'라는 것을 덤으로 알게 되었다. 이것은 전류가 진공 속에서 흐를 수 있다는 사실이다. 에디슨 효과를 이용해 1904년 영국의 존 앰브로우즈 플레밍(John Ambrose Flemming)이 2극 진공관을 만들었고, 1906년 미국의 리 드 포레스트(Lee de Forest)는 3극 진공관을 만들게 된다.

초기 신호 증폭에 사용된 진공관

진공관은 통신기술의 발달과 밀접한 관련이 있다. 통신기술은 "멀리 떨어져 있는 사람끼리 대화를 주고받을 수 없을까?"라는 발상이 동기가

---

29) 열전자: 물체에 온도를 높일 때, 물체 겉면으로부터 발생되는 자유전자. 진공관 혹은 형광등의 필라멘트에서 방출되는 것이 대표적인 사례이다.

되었는데 이러한 발전과정에서 전기신호를 사용하게 되었다. 하지만 장거리를 이동하는 도중에 전기신호가 약해지는 현상이 나타났고 목적지까지 증폭시키는 역할이 필요했다. 이 증폭기능을 위해 최초로 개발된 것이 '진공관'이다. 오늘날 반도체 트랜지스터의 주된 역할도 '스위칭 기능과 증폭이다. 반도체의 발전과정을 살펴보면 〈진공관 → 트랜지스터 → 집적회로〉이다.

진공관의 가장 극적인 애플리케이션은 컴퓨터였다. 1947년 미국의 무어 대학에서 진공관을 이용한 세계 최초의 전자식 계산기인 에니악(ENIAC)을 개발하였다. 찰스 배비지의 기계식 톱니장치를 진공관으로 대체한 것이다. 17,468개의 진공관과 70,000개의 저항, 10,000개의 커패시

세계 첫 컴퓨터 에니악(출처: Wikimedia Commons)

터가 사용되었으며 높이 2.6m, 두께 0.9m, 길이 26m, 무게 30t, 소비전력은 150KW에 달하는 거대한 괴물이었다. 에니악의 전원 스위치가 올라가자 펜실베이니아 주변 가로등이 깜빡거렸다고 하니 얼마나 많은 전력을 소비했는지 짐작이 간다. 하지만 계산 속도는 종래의 기계식에 비해 1,000배 이상 획기적으로 빨라졌다.

그럼 여기서 반도체의 조상이 되는 3극 진공관의 작동원리를 살펴보자. 앞서의 전자를 떠올리면 이해가 쉽다. 3극 진공관은 애노드(anode), 캐소드(cathode), 그리드(grid)라는 3개의 극을 갖고 있다. 애노드는 양극(+)으로 플레이트(plate)라고도 하며 전자를 받아들이는 장치이다. 캐소드는 음극(−)으로 전자를 방출하는 장치인데, 히터(열을 가해 전자 방출)를 갖고 있다. 그리드는 그물망처럼 되어 있고 캐소드를 감싸고 있으며 음극(−) 전하를 갖는다.

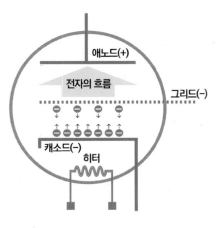

3극 진공관의 스위치 원리

전자는 음(-)에서 양(+)으로 흘러가므로 캐소드에서 방출되어 애노드로 흘러간다. 그런데 캐소드를 감싸고 있는 그리드도 음극이며 전자를 방출하므로 〈캐소드 → 애노드〉 사이의 전자의 흐름을 간섭하게 된다. 같은 극성끼리 서로 밀쳐내는 성질(척력) 때문이다.

즉 그리드에 높은 전압을 걸면 전자가 전혀 흐르지 못하고, 약간 낮은 전압을 걸면 전자를 통과시킨다. 즉 그리드의 전압에 따라 캐소드와 애노드 사이는 도체가 되기도 하고 부도체가 되기도 한다. 즉, 반도체가 되는 것이다. 여기서 조건에 따라 전자를 통과시키거나 막아버리는 장치를 '스위치'라고 한다. 앞서 우리는 컴퓨터의 2진 숫자, 1(전기가 '있다')과 0(전기가 '없다')을 배웠다.

진공관의 발견은 인류과학의 큰 진보이다. 반도체 또한 진공관과 더불어 빛의 속도로 발전했다. 최초의 컴퓨터인 에니악이 1만 7천여 개의 진공관으로 구성되어 있는 컴퓨터라 가정한다면 오늘날 우리 손 안의 스마트폰은 대략 10억 대 이상의 초창기 컴퓨터가 들어있는 셈이다.

4. 트랜지스터

미국의 전신회사 AT&T는 장거리 통신을 위한 신호 증폭에 큰 관심이 있었다. 1914년 포레스트의 3극 진공관 특허권을 구입하여 진공관을 개량하기 위한 기술 개발에 전력했다. 1930년대 AT&T 소속의 벨연구소 소장을 맡게 된 머빈 켈리(Mervin Joe Kelly)는 전류 흐름을 통제할 수 있는 반도체 물질을 활용하면 신호 증폭 문제를 해결하고 부피도 크게 줄일 수 있을 것이라 생각했다. 그는 즉시 새로운 연구팀을 조직했고 그의 연구팀에는 물리학자 월터 브래튼(Walter Houser Brattain), 존 바딘(John Bardeen), 윌리엄 쇼클리 (William Bradford Shockley) 등이 합류했다.

그리고 1947년, 게르마늄(Ge, 주기율표 14족에 속하는 반도체) 평판에 금 박편을 접촉시킨 트랜지스터(transistor) 개발에 성공하게 된다. 크기가 진공관의 220분의 1에 불과한 이 조그마한 게르마늄 조각은 전기신호를 제대로 증폭시켰다. 21세기 컴퓨터, 반도체, 통신에 이르는 전자혁명을 일으킨 트랜지스터가 탄생한 것이다.

'전송(transfer)'과 '저항(resist)'의 합성어인 트랜지스터의 성능은 막강했

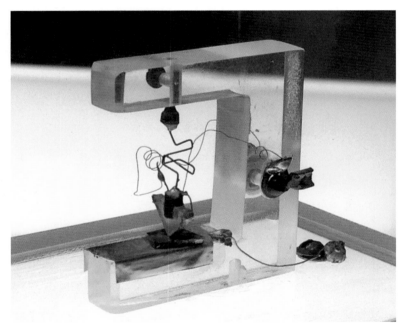

벨 연구소에서 만든 첫 트랜지스터(출처: Wikimedia Commons)

다. 진공관과 달리 예열할 필요도, 쉽게 가열되는 문제도 없었다. 쉽게 터지지도 않았다. 전기료 역시 적게 들었다. 수많은 진공관으로 이뤄진 초기 컴퓨터 에니악을 작동하려면 시의 전력 공급에 차질을 빚었던 시대였다. 이 연구에 참여한 윌리엄 쇼클리, 월터 브래튼, 존 바딘은 노벨상 공동 수상자가 되었다.

윌리엄 쇼클리(William B. Shockley)와 다양한 트랜지스터(출처: Wikimedia Commons)

그러나 트랜지스터가 세상에 처음 나왔을 때 사람들은 이것의 의미를 알지 못했다. 연구소에서 신문기자들을 초청해 거창한 발표회를 하였지만 기사로는 〈뉴욕타임즈〉에 단신으로 몇 줄 나온 정도였다.

하지만 이 작은 소자의 발명은 라디오, 텔레비전, 컴퓨터 등 정보·가전 제품의 일대 혁명을 가져왔고 반도체 시대를 여는 역사적인 사건이었다. 마이크로소프트(MS)의 빌 게이츠(Bill Gates)는 타임머신이 발명된다면 가장 가보고 싶은 과거로 트랜지스터가 개발된 순간을 꼽기도 했다.

트랜지스터는 2종류가 있는데, 하나는 p-n-p형이고, 또 하나는 n-p-n형이다. 앞서 우리는 n형, p형 반도체를 배웠는데 이들 반도체를 세 겹으로 접합한 것이다. 이 두 트랜지스터는 당연히 2개의 접합면을 갖는다. p형 반도체는 정공이 많이 있고, n형 반도체는 자유전자가 많이 있어 서로 반대의 특징을 가지며 이를 이용해 스위치 및 증폭 작용을 하는 것이다. 트랜지스터는 전자와 정공 둘이 힘을 합쳐 일을 하기 때문에 쌍극성 트랜지스터(bipolar transistor)라고도 한다.

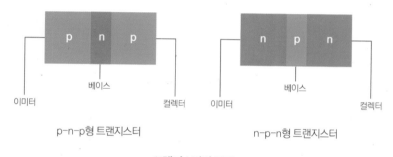

p-n-p형 트랜지스터   n-p-n형 트랜지스터

트랜지스터의 종류

트랜지스터 사진을 보면 3개의 다리(?)를 가지고 있는데 이미터(emitter), 베이스(base), 컬렉터(collector)이다. 이미터란 '방출하다'라는 뜻이고, 컬렉터란 '모으다'의 뜻이다. 짐작하겠지만 이미터에서 방출하는 자유전자 혹은 정공을 컬렉터가 끌어 모으는 것이다. 이때 베이스는 스위치 혹은 증폭작용 역할을 한다. 진공관의 애노드, 캐소드, 그리드와 같다.

트랜지스터의 첫 상용 제품은 보청기였다. 핵심 이론을 제공한 쇼클리가 강조한 대로 보청기를 증폭의 첫 대상으로 삼았다. 참고로 과학을 알기 쉽게 설명하는 재주도 뛰어났던 쇼클리의 '증폭'에 대한 설명이 재미있다.

"당나귀 꼬리에 성냥을 그어봐라. 성냥을 켜는데 소모한 에너지와 꼬리에 불이 붙은 당나귀가 뛰는 힘의 차이가 바로 증폭이다."

이후 쇼클리는 '페어차일드 반도체'를 세웠고, 여기에서 갈라져 나온 회사가 현재 세계 반도체 1위 기업인 인텔이다.

5. 집적회로

진공관이 개발되고 50년, 전자 혁명을 가져온 트랜지스터도 단점은 있었다. 트랜지스터 자체의 문제라기보다는 이를 채택한 복잡, 다양한 전자기기가 출현했기 때문이다. 트랜지스터는 다양한 전자 부품들을 서로 연결해주어야 여러 기능을 가진 완성된 하나의 제품을 만들 수 있는데 제품이 복잡해지면 복잡해질수록 서로 연결해주어야 하는 부분이 기하급수적으로 증가하게 되고 바로 이 연결점들이 제품을 고장내는 주요 원인이 되었다. 이때 여러 개의 전자부품들을 하나의 작은 반도체 속에 집어넣는 방법을 연구한 사람이 있었다. 미국 텍사스 인스트루먼트(TI)의 기술자 잭 킬비(Jack Kilby)이다.

그는 1958년 트랜지스터와 부속 부품(다이오드, 저항, 커패시터 등) 및 회로를 줄이고 줄인 후 평면에 인쇄하듯이 찍어냈다. 그리고 이를 '집적회로(integrated circuit, IC)'라 명명했다. 즉 트랜지스터를 포함한 몇천 개, 몇만 개의 반도체 소자를 인쇄해 차곡차곡 쌓아서 한 단위로 제작할 수 있게 만든 것이다. '집적'이란 '모아서 쌓다'라는 뜻이다. 참고로 반도체 IC

TI의 개발자(60년대), 앞줄 가운데 잭 킬비(출처: Wikimedia Commons)

를 간혹 '직접회로'라 혼동하는데 '집적'이 맞는 표현이다.

집적회로는 두 가지 주요한 장점이 있었다. 첫째로 제작 비용 측면에서 사진기술(《제3장, 반도체 제조공정》에서 자세히 설명)을 이용하여 많은 부품을 한꺼번에 찍어내기 때문에 싼 가격으로 대량 생산할 수 있게 되었다. 둘째로 성능 측면에서 부품의 크기가 작아지고 조밀해진 결과, 적은 전력으로 빠른 처리 속도를 얻을 수 있게 되었다.

현대에 가장 많이 사용하는 트랜지스터는 MOSFET이다. 'metal-oxide semiconductor field effect transistor'의 약어로, 우리말로 풀면 '금속 산화막 반도체 전계효과 트랜지스터'이다. 명칭만 보면 무척 어려운데, 꼭 그렇지는 않다. 트랜지스터의 구조와 작동원리를 모두 풀어쓰다 보니 이름이 길어진 것이다.

우선 '금속 산화막 반도체(metal-oxide semiconductor)'란 금속(metal,

최초의 집적회로(1958). 두 개의 트랜지스터가 탑재되었다.

게이트), 산화막(oxide film, 게이트 유전체), 반도체(semiconductor, 실리콘 기판)의 3중 구조를 말한다. 다음 그림에서 보충 설명할 것이다. 참고로 '유전체(dielectric)'란 전기는 통하지 않는 절연체(insulator)이나 전압이 인가되면 유전 분극[30]을 일으키는 물질이다. 실리콘 반도체에서의 유전체란 규소산화막 즉, SiO_2를 말한다. 3장, 반도체 전공정에서 다시 설명할 것이다.

'전계효과 트랜지스터(field effect transistor)'란 게이트 전극에 전압을 걸어 실리콘 기판 내에 같은 극성은 반발(척력)하고, 다른 극성은 끌어 당

---

30) **유전 분극(dielectric polarization):** 절연체를 전기장 속에 놓았을 때 전류가 흐르지 않고 표면에서만 전하(양(+)전하와 음(−)전하)가 나타나는 현상.

기는 성질(인력)을 이용하여 도전성 채널(전자가 이동할 수 있는 통로)을 만들어주는 것을 말한다. 자석이 존재하면 자계(magnetic field)가 생기듯 전압이 존재하면 전계(electric field)가 발생한다.

아래 그림은 실리콘 기판(웨이퍼) 위에 MOSFET 구조이다. 3장을 통해 작동원리를 설명하겠지만 미리 간단히 소개하면, MOSFET은 소스, 게이트, 드레인의 세 단자로 구성된다. 이 중 소스(source)는 전자가 들어가는 부분, 드레인(drain)은 전자가 나가는 부분이다. 중요한 것은 게이트 (gate)이다. 트랜지스터의 역할이 스위칭, 증폭이라 했는데 게이트가 아래의 게이트 유전체(산화막)를 통해 전류를 흐르도록 또는 흐르지 않도록 막는 문(수도꼭지)의 역할을 하는 것이다.

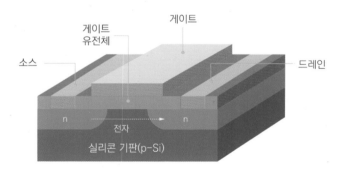

MOSFET 구조(n-p-n형)

참고로 '금속'이라는 이름이 붙은 것은 초기(1970년대)에 게이트로 금속을 사용했기 때문인데 곧 저항성이 적은 폴리실리콘(polysilicon) 게이트를 사용하여 금속이라는 이름은 관습적인 표현이 되었다. MOSFET

를 만든 사람은 한국인 강대원 박사로 1960년 벨연구소 근무 당시 마틴 아탈라(Martin Mohammed John Atalla)와 공동으로 발명하였다. 반도체 역사의 의미 있는 발명이 한국인을 통해서 이룩된 것은 매우 자랑스러운 일이다.

이렇듯 반도체의 핵심소자인 트랜지스터는 1906년 진공관의 모습으로 발명되어 1947년 트랜지스터의 모습을 갖추었고, 1958년 오늘날의 집적회로로 발전한 것이다. 이제부터 '반도체 = 집적회로'임을 기억하자.

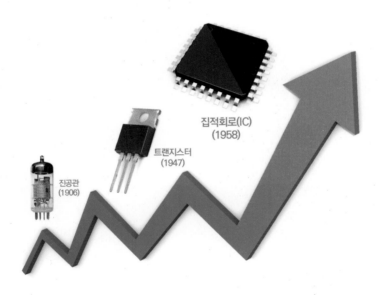

반도체의 발달 과정

6. 초밀도 집적회로

이후 반도체는 얼마나 작고 싸게 만들 수 있는가의 경쟁이 되었다. 잭 킬비가 만든 집적회로는 트랜지스터 2개, 저항기 3개, 커패시터 1개 등 모두 5개의 소자를 하나의 반도체 기판 위에 모아 놓은 것에 불과했다. 잭 킬비 이후 소규모 집적이라는 SSI(small scale integration)가 등장했다. 이로 인해 트랜지스터의 수가 수십 개로 늘었는데, 당시 미국의 우주계획에 기여한 바가 매우 크다.

1960년대 후반에는 '중간규모 집적'이라는 뜻의 MSI(middle scale integration)가 등장했다. 한 칩에 100 ~ 1,000개의 트랜지스터를 담았다. 1970년대 중반에는 한 칩에 수만 개의 트랜지스터를 포함하는 LSI(large scale integration) 시대가 열렸으며, 이윽고 1977년 4월, 가로×세로 각 6mm 실리콘 기판에 15만 6천 개의 소자를 집적한 매우(very) 큰 집적회로 (very large scale IC, VLSI)가 등장했다. 기술은 지속적으로 발전하여 2016년 인텔의 CPU는 2.0GHz 코어에 72억 개의 소자를 넣었고, 연결 전선의 폭은 14나노미터로 줄여놓고 있다.

집적회로 구분	명칭	소자의 수
SSI (small scale integration)	소규모집적회로	100개 이하
MSI (middle scale integration)	중밀도집적회로	100~1,000개
LSI (large scale integration)	고밀도집적회로	1,000~10,000개
VLSI (very large scale integration)	초고밀도집적회로	10,000~1,000,000개
ULSI (ultra large scale integration)	극초밀도집적회로	1,000,000개 이상

집적회로의 종류

여기서 의문! "VLSI가 70년대 말 개발되었다면 30년도 더 지난 지금쯤은 'very very ultra VLSI'가 상용화되었지 않을까?" 맞다. VLSI 시절의 D램은 256K 정도였다. 지금은 32기가 D램이 개발·생산되고 있으니 10만 배 이상 집적도가 올라갔다. 이렇게 엄청난 속도로 기술이 발전하다 보니 관련 용어가 미처 따라가지 못하는 측면도 있다. 최근에는 고밀도 집적회로를 소자 수에 상관없이 LSI, 혹은 VLSI라고 통용해 부른다.

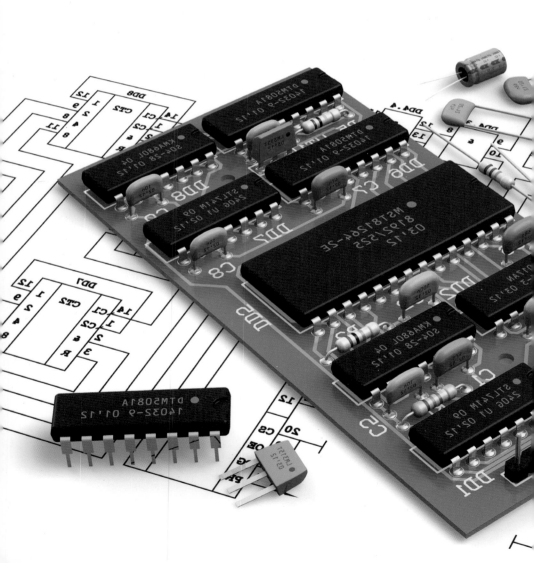

2장
다양한 반도체

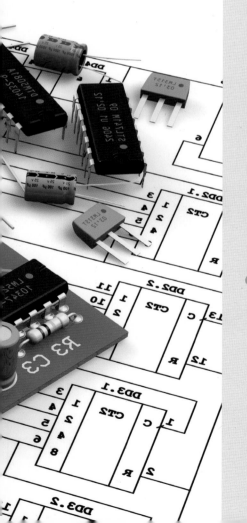

1 반도체의 분류 • 087

2 메모리 반도체 • 094

3 비메모리 반도체 • 114

4 주문형 반도체 • 135

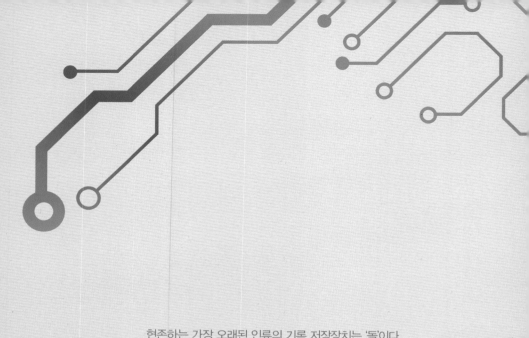

현존하는 가장 오래된 인류의 기록 저장장치는 '돌'이다.
프랑스 몽티냑 마을에는 구석기 시대에 그려진 것으로 추정되는 라스코(Lascaux)
동굴 벽화가 있다. 이 벽화에는 200여 마리의 동물들이 그려져 있는데, 그림이
그려진 1,200미터의 동굴 벽 전체가 저장장치가 되는 것이다.

반도체의 분류

1. 산업혁명

인류의 역사를 바꾼 혁명은 새로운 에너지, 생산수단의 변화에서 비롯됐다. 지구촌에는 18세기 이후 지금까지 3차례에 걸쳐 산업혁명이 일어났다. 1차 산업혁명은 증기기관의 발명이다. 수공업 시대가 막을 내리고 기계화 시대가 열렸다.

이어 새로운 에너지원으로 전기가 등장했다. 텔레비전, 라디오가 정보통신의 도구로 등장했고 생산효율은 높아졌다. 전자산업의 놀라운 도약은 인간 생활을 더욱 풍요롭게 만들었고 이 놀라운 변화를 우리는 2차 산업혁명이라 부른다.

영국의 맬서스(Malthus T.R.)는 1798년에 저술한 「인구론」에서 '산술급수(算術級數)'와 '기하급수(幾何級數)'를 처음 언급하였다. 미래 세계인구는 25년마다 배로 증가하지만, 토지 생산물의 증가는 장담할 수 없다는 것이다.

통상, 상태의 증가를 표현할 때 산술급수와 기하급수를 사용한다. 산술급수는 1차함수의 증가폭을 말하는데, 예를 들어 1m씩 걸어서 가는 경우 30발자국을 떼면 30m를 간다. 이것이 산술급수적 변화이다. 그러나 만일 도구의 도움으로 첫걸음에 1m, 두 번째 걸음에 2m, 세 번째 걸음에 4m, 이런 식으로 2배씩 30걸음을 걷게 되면 모두 10억m, 즉 지구 둘레 20바퀴 이상을 돌 수 있다. 이것이 '기하급수적 변화'이다.

3차 산업혁명의 촉발은 반도체이다. 1969년, 프로그램 제어가 가능한 로직 반도체[31]가 처음 등장했고 드디어 자동화시대가 열렸다. 정보처리 용량은 기하급수적(1G→2G→4G→8G→16G…)으로 늘어 과거에는 상상도 할 수 없는 문명의 이기들이 등장했다. 전자공학과 정보기술(IT)이 융합되고 인터넷의 등장으로 정보화 혁명이 일어났다. PC, 스마트폰이 정보 소통의 창이 됐다.

2016년 다보스에서 열린 세계경제포럼(WEF)의 화두는 '4차 산업혁명'이었다. 4차 산업혁명은 디지털 기술의 발달이 인간을 포함한 모든 환경에 적용되고 나아가 융합을 통해 새로운 것을 창출하는 단계이다. 즉 4차 산업혁명은 '우리를 둘러싼 모든 것의 디지털화'라고 볼 수 있다.

PC와 스마트폰 성장세가 주춤한 요즘 사물인터넷(IoT), 인공지능(AI), 자율주행차, 가상현실(VR), 빅데이터[32] 등이 새롭게 떠오르고 있다. 특

---

31) **로직 반도체(logic semiconductor):** and, or, not 등 디지털 논리회로를 말한다. 따라오는 시스템 반도체에서 자세히 설명한다.

32) **빅데이터(big data):** 디지털 환경에서 생성되는 대규모 데이터를 말한다. PC, 인터넷, 모바일 기기 등 디지털 경제의 확산으로 수치, 문자, 영상 등 방대한 데이터가 폭증하고 있다. 글로벌 데이터 규모는 2012년에 2.7제타바이트에서 매년 2배 이상 증가할 것으로 예측하고 있다(출처: IDC)

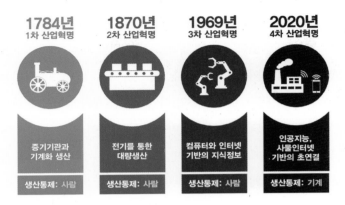

1784년	1870년	1969년	2020년
1차 산업혁명	2차 산업혁명	3차 산업혁명	4차 산업혁명
증기기관과 기계화 생산	전기를 통한 대량생산	컴퓨터와 인터넷 기반의 지식정보	인공지능, 사물인터넷 기반의 초연결
생산통제: 사람	생산통제: 사람	생산통제: 사람	생산통제: 기계

산업혁명(1784~)

히 이들은 반도체 산업의 지평을 크게 넓힐 것이다. 이미 고성능·고품질의 반도체가 채용되고 있는 자동차의 경우 자율주행을 위해 차량 1대당 150대의 고성능 컴퓨터에 해당되는 반도체가 필요하다고 한다. VR 분야는 향후 5년 동안 메모리 탑재량만 10배 이상 증가시킬 것으로 예상된다. 바둑 대결로 화제가 됐던 인공지능 알파고(AlphaGo)는 반도체 탑재 수만 100만 개가 넘는 것으로 전해진다.

사물을 넘어 초연결(hyper-connection) 사회를 지향하는 만물인터넷(internet of everything, IoE)은 셀 수 없는 센서 반도체, 커넥티비티용 반도체를 필요로 한다. 4차 산업혁명 시대의 씨앗 또한 분명 반도체이다.

1800년대 산업혁명은 인간을 육체노동에서 해방시켰고, 2000년대 반도체 혁명은 인간의 정신노동을 대신하고 있다. 앞으로 다가올 인공지능 시대에는 반도체가 인간의 사고마저 담당하게 될 것이다. 100년도 채 되지 않은 반도체의 역사가 근대 문명의 역사이며, 미래 세상 또한 반도체를 빼놓고 설명할 수 없다. 우리는 명실상부 '규석기 시대'에 살고 있다.

지금까지 우리는 반도체가 뭔지, 반도체의 발달 과정, 과학적 원리를 알아보았다. 하지만 여전히 궁금하다. 반도체는 도대체 어디에 쓰냐는 것이다. 이 장에서는 반도체의 종류와 다양한 반도체의 역할을 살펴볼 것이다. 우리 문명, 어느 한구석에도 미치지 않는 곳이 없는 수만 가지 반도체를 모두 이해하기는 쉽지 않지만, 우리가 자주 접하는 제품들을 중심으로 반도체를 소개한다.

2. 메모리, 비메모리

USB 메모리는 우리 모두 하나 이상 가지고 있는 필수품으로 각종 데이터를 저장하는 데 사용한다. 메모리 카드, SSD 등도 모두 데이터 저장을 위해 사용하는데 이러한 용도로 사용하는 반도체를 '메모리 반도체'라 한다. 참고로 2016년 세계경제포럼(WEF) 자료에 따르면 반도체로 처리되는 데이터 양이 2020년까지 50배 증가한다고 한다. 메모리의 미래이기도 하다.

반도체는 용도, 신호형태, 집적도, 제작방식 등에 따라 여러 분류(다음 그림 참조)가 존재한다. 이는 의복이 남성복, 여성복 두 가지로 구분되지만 쓰임새, 옷감, 색상 등에 따라 수십 가지로 분류되는 것과 같다. 국내 대표 기업인 삼성전자와 SK하이닉스가 저마다(자사제품 중심)의 분류방법을 내세우고, 학자들도 저마다의 분류법을 가지고 있다. 그럼에도 독자들에 가장 익숙한 표현은 '메모리'와 '비메모리'일 것이다. 정보 저장 용도를 중심으로 메모리와 그 밖의 것을 분류하는 방식이다.

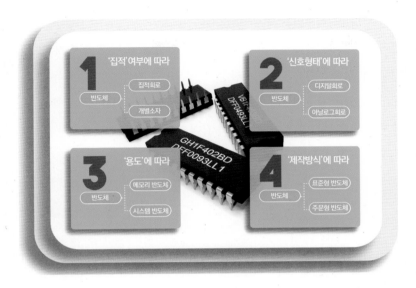

반도체의 다양한 분류법

비메모리(non-memory)는 말 그대로 '메모리가 아닌 것'이다. 한국이 메모리에 워낙 강하다 보니 용어조차 이처럼 홀대한다. 하지만 전 세계 반도체 시장의 77% 정도가 비메모리 반도체이다.

또 다른 익숙한 표현으로 시스템 반도체(system semiconductor)가 있다. 앞서 언급했지만 반도체는 인간의 정신노동을 대신해 주고 있는데 정신노동의 2가지 큰 기능, 즉 '연산'과 '기억' 중 연산기능을 대신하는 것이 시스템 반도체이다. 시스템 반도체는 다양한 전자기기를 제어·운용하는 반도체이다. 프로세서(processor)가 대표적이다. 앞으로 우리는 시스템 반도체에 대해 더욱 심도있게 공부할 것이다.

정부 산업통계에서는 비메모리 반도체를 다시 '시스템 반도체'와 '광·

개별 소자로 구분한다. 광·개별 소자는 '광 소자'와 '개별 소자'를 합친 개념이다. 광 소자는 말 그대로 빛(光)과 관련한 소자로 이미지 센서, LED[33] 등이 있다. 개별 소자는 일부 단순 기능만 수행하는 단품 (discrete)으로 트랜지스터, 다이오드, 커패시터, 인덕터[34] 등이 있다. 이상 반도체를 분류하면 아래 그림과 같다.

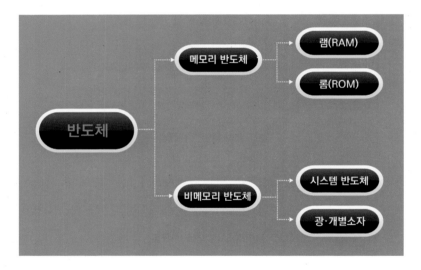

반도체 분류

---

33) LED(light emitting diode, 발광다이오드): 갈륨(Ga), 비소(As) 등의 화합물에 전류를 흘려 빛을 발산하는 반도체 소자. 전기 효율이 매우 높아 백열등, 형광등을 대체하고 있다. 뒤에서 보충 설명한다.

34) 인덕터(inductor): 전류의 변화량에 비례해 전압을 유도하는 코일. 구리나 알루미늄 등을 절연성 재료로 감싸고 코일을 감아서 만드는 부품이다.

메모리 반도체에서 한국의 위상은 독보적이다. 20년 이상 세계 1위이다. 삼성전자와 SK하이닉스가 세계시장을 쌍끌이하고 있고, 주요 메모리, 즉 D램과 낸드 플래시의 세계시장 점유율은 각각 74%와 46%에 달한다('2016). 두 기업의 존재감이 워낙 강해 '콘크리트 점유율'이라는 표현까지 나왔다.

한편 메모리 반도체와 시스템 반도체의 불균형은 우리 반도체 산업의 오랜 숙제이다. 시스템 반도체의 한국 점유율은 4~5% 수준이다('2016). 한국은 반도체 강국이 아니라 정확히는 메모리 강국이다. 우리가 이 문제를 풀지 않으면 턱밑까지 추격해온 중국의 위협에 속수무책이다. 이 책을 쓰는 이유 중 하나도 전 국민적 관심이 필요하기 때문이다. 시스템 반도체의 강국은 미국이다. 1위 인텔을 포함 퀄컴, 텍사스 인스트루먼트 등이 있다.

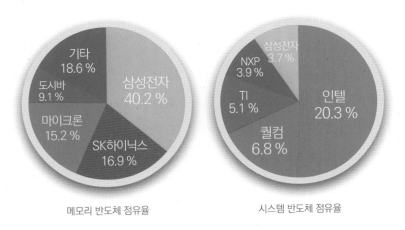

메모리 반도체 점유율   시스템 반도체 점유율

'2016 메모리, 시스템 반도체 세계시장 점유율(출처: IC인사이츠)

메모리 반도체

1. 휘발성, 비휘발성

D램, 낸드 플래시, 많이 들어보았을 것이다. 대한민국 반도체의 역사는 D램의 역사이고 낸드 플래시가 가세하여 메모리 반도체 1등을 굳혔다. 사람 누구에게나 미점(美點)이 있고 기업도 대표 제품이 있듯 D램과 낸드 플래시 역시 장단점이 있다. 우리는 이 두 제품을 중심으로 메모리 반도체를 살펴볼 것이다.

메모리 반도체는 전원을 끊을 경우 정보를 그대로 저장하는 '비(非)휘발성 메모리'와 정보를 모두 잃어버리는 '휘발성 메모리'로 구분한다. "휘발성=날아간다" 그대로 이해하면 된다. PC 작업 중 정전이 되면 공들인 문서가 모두 없어져버리는 경우가 발생하는데 바로 휘발성 메모리에서 작성했기 때문이다. 그럼 여기서 의문이 생긴다. "왜 비휘발성 메모리만으로 컴퓨터를 만들지 않을까?" 답은, 휘발성 메모리는 속도가 매우 빠르기 때문이다.

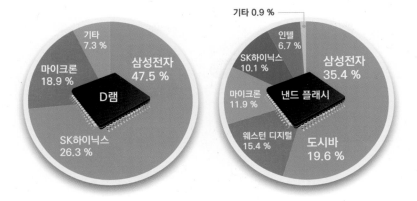

'2016 주요 메모리 세계시장 점유율(출처: IHS, IT Insights)

　　대표적인 휘발성 메모리가 D램이며 램(RAM) 계열이다. 대표적인 비휘발성 메모리는 낸드 플래시이며 롬(ROM) 계열이다. '램'과 '롬'이라는 또다른 용어가 등장하는데 다음 단락에서 설명할 것이다. 'D램'은 주로 PC의 주기억장치로 사용하며, 낸드 플래시는 모바일 기기나, USB, 메모리 카드, SSD, eMMC 등 주로 스토리지에 사용한다. 이외에도 휘발성 메모리로는 S램이 있고 비휘발성 메모리로는 마스크 롬(mask ROM), EP롬, 노어 플래시(NOR flash) 등이 있다. 이상을 분류표로 보면 다음과 같다.

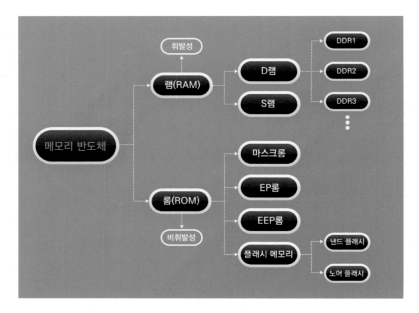

메모리 반도체 분류

2. 램(RAM)

휘발성, 비휘발성의 뜻을 알아봤다. 다음은 "덧쓸 수 있는가?"의 측면에서 램과 롬을 설명할 것이다. 램은 'random access memory(임의접근 메모리)', 롬은 'read only memory(읽기만 하는 메모리)'이다. 한편 '덧쓰기'의 개념을 풀어보면 램은 '읽기도 가능하고 덧쓰기도 가능한 메모리'를 말한다. 롬은 '읽기는 가능하지만 덧쓰기는 아예 불가능하거나 특수한 장치를 사용하여 덧쓸 수 있는 메모리'이다.

램(RAM) VS 롬(ROM)	
읽기, 쓰기 가능	읽기만 가능
빠르다	비교적 느리다
휘발성 메모리	비휘발성 메모리
D램, S램	마스크 롬, P롬, 플래시 메모리 등

램(RAM)과 롬(ROM)의 이해

컴퓨터 프로그램을 구동하거나 특히 PC 게임을 할 때 "로딩 중(Now Loading…)"이라는 다소 짜증나는 시간이 있다. 바로 램이 HDD에서 데이터를 옮기는 과정이다.

램은 CPU와 보조저장장치인 HDD를 연결하기 위해 존재한다. CPU는 중앙연산처리 장치로 속도가 매우 빠르지만, 데이터를 저장할 수는 없다. 이 때문에 다른 장치에서 데이터를 불러들여 연산해야 한다. 하지만 데이터가 저장된 HDD에 CPU가 접속해 연산을 처리하자니 HDD의 속도는 느려도 너무 느리다. HDD보다 속도가 빠른 SSD도 있지만, SSD마저도 CPU의 연산속도에 미치지 못한다. 이를 중개하는 것이 램이다. 램도 CPU 연산속도보다 빠르지 않지만, HDD나 SSD보다 빠르므로 둘 사이의 병목 현상을 최대한 줄여주는 역할을 한다.

한편 '임의접근(random access)'이라는 말도 생소하다. 램의 의미를 확장해 보면 "임의(任意)의 영역에 접근하여 읽고 쓰기가 가능한 메모리"이다. HDD와 비교해 생각해 보자. HDD는 디스크 형태의 원반에 자기(磁

氣) 정보가 기록되어 있으며 정보가 기록된 위치로 헤드가 찾아가 자기 정보를 읽는다. 정보를 끌어오기 위해 헤드가 움직여야 하므로 시간이 좀 걸린다.

HDD 내부. 가위 모양의 헤드가 이동해 정보를 읽는다.

반면 램에는 정보의 위치가 가로와 세로의 좌표로 주어지며 해당 위치의 값을 읽는데, 물리적으로 센서가 이동하여 읽는 것이 아니고 해당 좌표의 값이 즉시로 읽히는 것이므로 정보의 위치가 어디에 있든 값을 읽는 데 시간의 차이가 날 수 없다. 이런 의미에서 "random access", "어느 위치에 접근하든지 동일한 시간이 걸림"이라는 용어를 사용하는 것이다. 다음은 램 계열의 대표 제품 D램과 S램을 알아보자.

1) D램

1994년 12월 국내 모든 일간지에 구한 말 태극기가 큼지막하게 그려진 삼성전자 광고가 등장했다. 하단에는 "한민족 세계제패, 월드베스트정신으로 해냈습니다"라고 적혀있다. 세계 최초, 256M D램 개발 성공을 알리는 이 광고는 적어도 D램 반도체 분야에선 한국과 일본의 관계가 구한 말 이전, 평등했던 상태로 돌아갔음을 암시하는 것이다.

D램은 램 계열 제품이다. 또한 휘발성 메모리이다. D는 '동적 (dynamic)'이라는 뜻인데 얼핏 동적, 다이나믹한 것이 좋아 보이지만 꼭 그렇지는 않다. 동적이라는 의미는 데이터 보존을 위하여 끊임없이 리프레시(refresh) 작업을 해줘야 한다는 뜻이다.

PC용 D램(모듈)

D램의 셀은 1개의 커패시터와 1개의 트랜지스터로 구성되며 커패시터에 전하를 보관하는 구조이다. 그런데 커패시터는 전하를 일시적으로 보관할 수는 있으나 시간이 지나며 조금씩 방전되는 특성이 있다. 뿐만 아니라 한 번 읽을 때마다 전하가 줄어들어 몇 번 읽으면 전하가 고갈된다. 이를 보완하기 위해 D램은 주기적으로 전하를 보충하면서 사용하여야 한다. 이 전하 보충 작업을 '리프레시(refresh)'라고 한다.

D램의 전하 보관 능력은 1000분의 64초(64ms, 밀리세컨)로 금붕어의 기억력 3초보다 47분의 1 수준으로 매우 짧다. 따라서 64밀리세컨 이내에 전하가 보충되어야 한다. 1,000 ÷ 64 ≒ 15, 즉 1초에 15회 이상 리프레시가 필요한 메모리이다.

D램의 여러 제품으로 DDR1, DDR2, DDR3 등의 용어도 낯익다. D램을 시작으로 점차 성능이 개선된 것인데 DDR이 1초에 데이터를 1개 처리한다면 DDR3은 데이터를 무려 8개나 처리할 수 있다. 처리 속도가 무려 8배 빨라진 것이다. DDR은 'double date rate(2배율)'의 뜻이다.

LP가 앞에 붙는 경우도 있는데 'low power(저전력)'라는 뜻이다. 스마트폰이나 태블릿 PC 등 모바일 기기에 사용하는 D램은 배터리 사정상 전력 소모를 최소화시켜야 하는 제약사항이 있다. 이러한 특성 때문에 LP계열을 많이 사용한다.

한국이 반도체 강국으로 성공한 데는 D램의 공이 크다. 삼성전자가 1983년에 세계에서 세 번째이자 한국 최초로 개발한 반도체가 64K D램이다. 삼성전자는 곧이어 256K D램, 16M D램, 64M D램을 차례차례 개발했고 마침내 1993년 메모리 반도체 분야에서 세계시장 점유율 1위를 차지했다. 2017년 현재, 삼성전자와 SK하이닉스는 세계 D램 시장의 70% 이상을 점유하고 있다.

2013년 문화재청은 근현대사의 문화적 가치가 큰 삼성전자 64K D램, 현대자동차 포니, 금성사 텔레비전 등을 문화재로 등록한 바 있다.

등록문화재 제563호로 등록된 삼성전자 64K D램(사진제공: 삼성전자)

2) S램

'동적(dynamic)'에 대치되는 '정적(static)' 램이다. 리프레시의 번잡성을 없애기 위해 개발된 S램은 플립플롭[35]이라는 장치를 사용한다. S램에

---

35) 플립플롭(flip-flops): 1 비트를 상태 변화 없이 계속 저장할 수 있는 회로이다. 기억장치뿐만 아니라 연산장치에도 사용하며, 트랜지스터의 조합을 통해 다양한 방식으로 만들 수 있다.

사용하는 플립플롭은 트랜지스터 6개로 구성되어 D램에 비해 부피가 크다. 그러나 리프레시가 필요없으므로 소비전력은 D램에 비해 적다. 뿐만 아니라 구조상 읽기·쓰기 속도도 매우 빠르다.

D램과 S램은 각각 장단점이 있다. 가격 및 부피 측면에서 D램이 우수하지만 전력 소모 및 속도 측면에서는 S램이 우수하다. 따라서 S램은 빠른 속도가 요구되는 CPU의 캐시메모리[36]나 레지스터[37]에 사용하고 D램은 주기억장치에 사용한다.

3. 롬(ROM)

필자는 음악 마니아다. 서정적인 대중음악이 취향인데 좋아하는 아티스트가 아바(ABBA)이다. 학생 시절부터 그들의 앨범이라면 밥을 굶는 한이 있더라도 꼭 정품 LP를 사곤 했다. 그러던 80년도 초반쯤? 희한한 판이 나왔다. 호떡만한 크기에 번쩍이는 갈치 빛이 감도는 CD였다.

CD는 음악, 동영상, 데이터 등 디지털 정보를 저장하는 광디스크이다. 특히 아날로그 LP판을 대체하려는 용도로 만들어졌는데 처음 필립

---

36) **캐시메모리(cache memory):** CPU는 주기억장치로부터 데이터를 읽어 계산한 후 다시 주기억장치에 되쓰는 일을 반복한다. 이때 주기억장치로부터 읽고쓰는 속도가 CPU의 전체 속도에 보틀넥(bottleneck)이 되고 있어 이를 개선하기 위해 CPU 곁에 둔 매우 빠른 임시 기억장치를 캐시메모리라고 한다. 작동 방식은 CPU가 원하는 데이터를 미리 캐시메모리에 가져다 놓고 CPU는 자기 데이터처럼 즉시 사용할 수 있게 하고 있다.

37) **레지스터(register):** CPU가 연산을 위해 가지고 있는 자체 메모리이다. 예를 들면 현재 수행하는 명령, 처리해야 할 데이터의 주소, 처리할 데이터, 처리 결과 등을 보관하는 데 사용한다.

스가 개발한 CD 지름은 11.5cm에 음악 60분을 조금 넘는 용량이었다. 이후 소니는 74분 용량의 12cm CD를 내놓았는데 당시 소니의 오가 노리오 부사장이 평소 좋아하는 74분 연주의 베토벤 9번 교향곡을 담기 위해서란다. 이렇게 만들어진 CD의 첫 상용화는 1981년 세계적인 그룹 ABBA의 앨범 'The Visitors'였다.

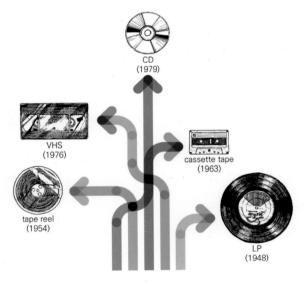

LP에서 CD까지 미디어 매체의 발전

롬(ROM)은 'read only memory'이다. 즉 '읽을 수만 있는 메모리'라는 뜻이다. 우리는 CD롬, DVD롬을 잘 알고 있다. 음악이나 영화 타이틀을 담고 있는 이 장치에 굳이 덧쓰기가 필요 없다. 이처럼 읽기만 하고 덧쓸 수는 없는 메모리를 '롬'이라고 한다.

그런데 여기서 의문! "읽기만 한다면 최초에 어떻게 음악이나 영화를 써 넣을까?" 답은, 특수한 장치가 필요하다. 이쯤에서 롬은 읽기 전용으로 만들어졌지만 특수한 장치를 통해 쓰거나 덧쓰기가 가능한 메모리로 이해해야 한다.

1) 마스크 롬, P롬, EP롬, EEP롬

판독 전용의 메모리이며 비휘발성인 롬은 다시 쓰고 지울 수 있는 방식에 따라 마스크 롬(mask ROM), P롬, EP롬, EEP롬으로 발전하였다. 마스크 롬은 마스크 단계에서 데이터가 쓰여진 롬이다. 반도체 전공정(제3장에서 설명) 중 마스크 제작 단계가 있는데 이 단계에서 데이터를 써넣은 것이다. 참고로 반도체는 사진 현상과 유사한 방식으로 제조한다. 이때 사진의 필름에 해당하는 것이 마스크이다. 따라서 마스크 롬에 쓰여진 데이터를 변경하려면 마스크를 변경하여 다시 제작하여야 한다. 엄청난 비용과 시간이 든다.

마스크 롬은 게임 프로그램 등에 사용한다. 일반적으로 프로그램은 하드 디스크와 같은 외부기억장치에 저장되어 있다가 D램으로 읽어들여 실행하게 되는데 시간이 많이 걸린다. 롬으로 저장해 놓으면 전원을 켠 순간 곧바로 게임을 할 수 있게 되므로 마스크 롬을 사용한다.

P롬은 'programmable(프로그램 가능한) 롬'이다. 마스크 롬은 반도체 공장에서 프로그램을 넣어야 하니 번거롭다. 또한 공장생산이다 보니 한 번에 주문해야 할 수량도 적지 않고 비용도 많이 든다. 이런 단점을 해소하기 위한 것이 P롬이다. 백지와 같은 롬을 사서 프로그램을 써넣을 수

있게 만든 것이다. 물론 롬 라이터(ROM writer)라는 특수한 장치를 사용한다. 구조는 일반적으로 각 비트가 퓨즈 형태로 되어 있는데 퓨즈를 끊는 방식으로 '1과 0'을 써 나갈 수 있다.

EP롬은 'erasable(지울 수 있는) P롬'이다. 즉, 지우고(E) 프로그램이 가능한 롬이라는 뜻이다. P롬은 퓨즈를 끊는 방식으로 데이터를 쓰게 되므로 한번 쓴 후에는 내용을 바꿀 수 없다. 이러한 단점을 개선한 것이 EP롬이다. 데이터를 지우고 다시 백지 상태로 만든 후 새로운 프로그램을 써넣을 수 있는 롬이다. 데이터를 지우기 위해서는 자외선을 사용한다. 그래서 EP롬에는 자외선을 �R 유리창이 붙어 있다.

EP롬, 자외선을 쬐는 유리창이 보인다.

EEP롬은 'electrically erasable(전자적으로 지울 수 있는) P롬'이다. EP롬은 자외선으로 데이터를 지워야 하므로 패키지에 유리창을 달아야 하는 등 불편한 점이 있다. 이러한 단점을 개선하기 위해 전자적으로 지울 수 있게 한 것이 EEP롬이다. 그러면 EEP롬의 등장으로 P롬이 사라졌을까? 그렇지 않다. 전기적으로 데이터를 지우는 데 자외선 방식보다 시간이 많이 소요되는 불편한 점이 있다.

마스크 롬, P롬, EP롬, EEP롬은 모두 일장일단의 특징이 있다. 용도에 맞춰 적절한 것을 사용하는 것이다.

2) 플래시 메모리

플래시 메모리(flash memory)는 전원이 꺼지더라도 저장된 데이터를 보존하는 롬의 장점과 손쉽게 데이터를 쓰고 지울 수 있는 램의 장점을 동시에 지니는 비휘발성 메모리이다.

EEP롬은 데이터를 쓸 수도 있고, 지우고 다시 쓸 수도 있다. 그리고 비휘발성이며 모든 동작이 전기적으로 이루어진다. 이러한 특징을 이용하여 하드 디스크 등 외부기억장치를 대신하려고 시도해 보았으나 데이터를 일일이 지우는 데 많은 시간이 소요되어 효용성이 없었다.

어떻게 하면 EEP롬과 같은 비휘발성 메모리에 데이터를 빨리 지울 수 있을까? 그래서 개발된 것이 플래시 메모리이다. 플래시 메모리는 EEP롬의 진화 제품이다. 플래시 메모리를 롬 계열로 분류하는 이유이다. 플래시 메모리는 1984년 도시바의 마스오카 후지오 박사가 발명했다. '플래시(flash)'라는 이름은 메모리를 지우는 방식이 카메라 플래시와 같이 "번쩍!"하는 순간 지워지기 때문이라고 한다. 여기서 발생한 플래시 메모리의 장점이자 단점이 데이터를 지울 때 블록 단위로 한꺼번에 지워야 한다는 점이다.

플래시 메모리는 내부 회로형태에 따라 '낸드 플래시(NAND flash)'와

'노어 플래시(NOR flash)'로 나눈다. 논리 연산을 공부한 독자는 낸드(NAND)와 노어(NOR)가 모두 논리 연산자(AND, OR, NOT, XOR 등)인 것을 알 수 있을 것이다. 낸드 플래시는 데이터를 저장하는 셀이 낸드 회로(게이트)로 되어 있는 메모리이다. 노어 플래시는 노어 회로(게이트)로 되어 있다. 구조적으로 보면 낸드는 직렬로 만들 수 있으나, 노어는 병렬로 만들어야 한다. 이러한 구조적 차이가 메모리 특성의 차이를 만든다.

[낸드 (NAND)]

속도 늦음, 대용량 저장장치 용이

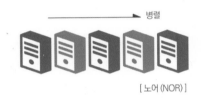

[노어 (NOR)]

속도 빠름, 저장공간 많이 차지

낸드(NAND)와 노어(NOR)의 특성

직렬인 낸드는 회로가 간단하고 병렬인 노어는 복잡하다. 그렇지만 직렬로 만들어진 낸드는 일정한 크기의 그룹 단위만 읽을 수 있고, 병렬로 만들어진 노어는 비트 단위로 읽을 수 있다. 책상에 얹어 놓은 서류 더미에서 필요한 서류를 찾기 위해 전체를 집어와야 하지만, 서류 보관함에 가지런히 꽂혀 있는 서류는 색인만 보고 원하는 서류를 막바로 뽑아낼 수 있는 것과 같다.

따라서 노어는 CPU와 직접 연결되어 데이터를 주고받을 수 있으나,

낸드는 일단 D램으로 복사한 후 CPU가 D램의 데이터를 사용하게 된다. 이렇게 불편하지만 낸드는 가격이 매우 저렴하기 때문에 데이터 저장을 위해서는 낸드를 사용하고, CPU 내부에서 사용하는 프로그램을 저장하기 위해서는 노어를 사용하는 것이 일반적 구성이다. 그런데 이 점에 대해서도 CPU에 적당한 크기의 램을 내장하는 방식으로 낸드를 CPU 내부에서 사용할 수 있도록 개량되고 있으며 이로써 노어보다 낸드가 더욱 경쟁력을 갖게 되었다.

초기 메모리 시장에서 낸드와 노어는 경쟁했고 시장 점유율도 대등하였다. 그러나 2000년 이후 데이터 저장용 스토리지(메모리 카드, USB, SSD 등) 시장에서는 낸드 플래시가 우세를 차지하게 되었다. 우세를 차지한 이유는 노어 플래시에 비해 미세화에 적합하여 같은 공정으로 제조한 같은 크기의 웨이퍼에서 낸드가 노어 플래시보다 더 많은 용량을 생산할 수 있어 원가 게임에서 이겼기 때문이다. 바른전자의 주력제품도 낸드 계열이다.

시장조사업체인 〈IHS테크놀로지〉에 따르면 2013년 낸드와 노어 플래시 시장 규모는 각각 258억 달러 대 30억 달러로 거의 10대 1 수준이었다. 또한 낸드 플래시 시장의 성장 속도는 가파른데 향후 2020년까지 연평균 성장률(수량 기준)이 40% 대에 이른다. bit로 환산한 시장 규모는 2015년 832억 GB에서 2020년 5084억 GB이다(출처: IHS). 따라서 삼성전자, SK하이닉스 등 낸드 플래시 쪽에 주력하고 있는 한국 기업의 반도체 시장 점유율 역시 크게 상승할 전망이다.

4. 저장장치의 진화

기원전 50만 년 경 곧선 사람(호모 에렉투스)이 등장했다. 인류가 두 발로 걷기 시작하면서 앞발은 '손'이 되었다. 보행에서 자유로워진 손의 사용은 문명을 촉발시켰다. 돌과 돌을 부딪쳐 새로운 도구를 만들고 정보를 기록하기 시작했다. 근대 문명의 석수가 등장한 것이다.

현존하는 가장 오래된 인류의 기록 저장장치는 '돌'이다. 프랑스 몽티냑 마을에는 구석기 시대에 그려진 것으로 추정되는 라스코(Lascaux) 동굴 벽화가 있다. 이 벽화에는 200여 마리의 동물들이 그려져 있는데, 그림이 그려진 1,200미터의 동굴 벽 전체가 저장장치가 되는 것이다.

라스코 동굴벽화

그 후 인류의 저장장치는 서양의 파피루스[38]와 양피지, 동양의 한지 등을 거쳐 근대의 천공카드[39], 마그네틱 테이프로 발전했다. 그리고 마침내 1956년 HDD가 출현했다. IBM에서 개발한 라멕(RAMAC) 305 하드 드라이버는 자성 물질을 입힌 원판형 알루미늄 기판을 회전시켜 자료를 읽고 쓰도록 한 기억장치이다. 하지만 당시 이것은 냉장고만 한데 용량은 5메가바이트(MB)밖에 되지 않았다. 가격도 1MB당 1만 달러가 넘는 고가였다. 그러던 HDD를 대중화시킨 것은 미국 씨게이트테크놀로지이다. 이 회사의 장치는 5MB 저장용량에 1,500달러로 가격이 저렴하고 크기도 작았다. 이 HDD는 순식간에 1,000개가 판매될 정도로 인기를 끌었다.

IBM 세계 첫 하드 드라이버. 냉장고 만한데 저장용량은 5MB이다.
(출처: Wikimedia Commons)

---

38) **파피루스(papyrus):** 지중해 연안의 습지에서 무리지어 자라는 식물이다. 고대 이집트에서는 이 식물 줄기의 껍질을 벗겨내고 속을 가늘게 찢은 뒤, 엮어 말려서 파피루스라는 종이를 만들었다.

39) **천공카드(punched card):** 일정한 규칙에 따라 종이에 구멍을 뚫어서 기록을 저장하는 카드. 구멍을 뚫는 것을 '천공'이라 한다.

HDD는 이렇게 성공했지만 외부기록장치는 여전히 문제였다. 초기에는 종이테이프나 천공카드를 함께 사용했는데 이것들은 보관이 불편하고 재사용할 수 없다는 단점이 있었다. 이를 보완하기 위해 IBM은 1971년 플로피 디스크(floppy disk)를 개발했다. 박막 플라스틱에 자성을 입힌 이 디스크는 얇고 가벼워 보관이 쉽고 값도 매우 쌌다. 플로피 디스크는 2011년 3월 일본 소니가 판매 중단을 선언하기까지 30년간 수백억 장 이상 판매되며 컴퓨터의 대표적인 외부저장장치로 기억되었다.

플로피 디스크의 등장과 함께 HDD에도 변화가 생겼다. HDD는 플래터(platter)라 불리는 자성을 띤 박막을 회전시켜 데이터를 읽기 때문에 물리적으로 그 속도에 한계가 있을 수밖에 없었다. 컴퓨터의 중앙처리장치인 CPU와 주기억장치인 램이 빨라도 HDD가 받쳐주지 않으면 컴퓨터의 속도가 느려질 수 밖에 없는 구조이다. 그동안 많은 기업에서 이를 해결하기 위해 연구를 했지만 플래터의 구조적인 문제로 속도 향상에는 한계가 있었다.

플로피 디스크(출처: Wikimedia Commons)

이러한 문제를 해결하기 위해 개발된 것이 SSD이다. SSD는 반도체에 데이터를 저장한다. SSD는 HDD보다 데이터 처리 속도가 월등히 빠르고 소음도 없으며 전력 소모도 적다. 실험에 따르면 HDD를 탑재한 컴퓨터의 윈도우7 부팅 속도는 50~60초인 반면 SSD는 17초에 불과했고, 2GB의 파일을 이동하는 데도 HDD는 2분, SSD는 15초라는 결과가 나왔다.

SSD의 성능을 좌우하는 것은 컨트롤러(controller)이다. 지난 2012년 유튜브엔 "맥북에어라고 속도가 다 똑같지는 않아요(Some MacBook Airs have slower drives than others)"란 동영상이 올라왔다. 똑같은 맥북에어지만 속도차가 있음을 보여주는 것인데 제품 분해 결과, 빠른 맥북에는 삼성전자의 SSD가, 느린 제품에는 도시바의 SSD가 탑재되어 있었다.

삼성전자 SSD가 빠른 건 '컨트롤러' 때문이다. 낸드가 서재라면 컨트롤러는 사서(司書) 역할을 한다. 빠르게 읽고, 쓰며, 에러를 수정해준다. 삼성전자는 컨트롤러 개발인력만 천 명이 넘는다고 한다. SK하이닉스는 컨트롤러 업계 1위인 이스라엘 아노비트에서 컨트롤러를 조달했지만 이 업체가 애플에 인수되며 2012년 미국 컨트롤러 업체 LAMD를 전격 인수했다. 컨트롤러는 SSD의 두뇌 역할을 하는 시스템 반도체이다.

시장조사기관 〈IHS〉는 SSD의 연평균 성장률이 HDD에 비해 4배 이상이 될 것으로 내다봤다. 오는 2019년에는 SSD 시장이 208억 달러 규모로 성장해 HDD 시장 규모 169억 달러를 추월할 전망이다. SSD 시장의 '원 톱'은 삼성전자이다. 시장의 40%를 장악하고 있다. 바른전자도 다양한 용량의 SSD를 내놓고 있다. 차세대 저장장치 시장에서 우리나라

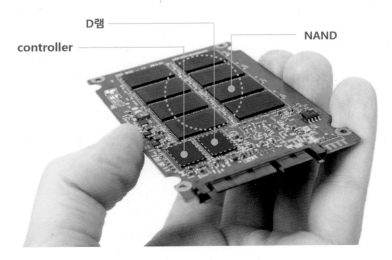

SSD의 내부. 여러 개의 낸드와 컨트롤러가 탑재되어 있다.

제품이 1위를 차지하는 것은 매우 기분 좋은 일이다.

한편 SSD가 나오기 전부터 외장형 메모리로 낸드 메모리를 많이 사용해왔다. 각종 메모리 카드, USB 메모리 등으로 플로피 디스크, CD 등을 대체한 것이다. 플래시 메모리의 성장은 가파르다. 이미 데이터 저장 장치 시장의 중심에 서 있다.

제 3 절

비메모리 반도체

1. 쌀 중의 쌀

2017년 반도체 업계의 큰 투자는 파운드리(반도체 위탁생산)에 집중되고 있다. 국내 대표적 기업인 삼성전자는 파운드리 사업부를 새롭게 출범시켰고, SK하이닉스는 아예 자회사를 설립했다. 초기 자본금은 3,500억 원에 이른다. 파운드리 사업 강화는 필연적이다. 4차 산업혁명으로 촉발된 미래 반도체 시장은 시스템 반도체가 주도할 것이기 때문이다.

지난 2016년 출시한 아이폰7에 메모리 반도체가 2종이 들어가는데 비해 AP[40]를 포함한 시스템 반도체는 무려 30여개가 들어갔다. 세계 반도체 시장도 시스템 반도체가 주도한다. 세계반도체무역통계기구(WSTS)에 따르면 전 세계 반도체 시장의 59%가 시스템 반도체이며 메모리 반

---

40) AP(application processor): 스마트폰, 디지털 TV 등에 사용되는 시스템 반도체(로직IC)로 일반 컴퓨터의 중앙처리장치(CPU)와 같은 역할을 한다.

도체 23%, 나머지는 개별소자라고 밝혔다. '산업의 쌀'이 반도체라면 '쌀
중의 백미'는 시스템 반도체인 셈이다.

'2016 세계 반도체시장 현황(출처: 가트너)

산업의 균형적인 발전은 매우 중요하다. 편식하면 건강을 해치듯 지나
친 편중은 개인, 기업, 국가의 심각한 위협이 분명하다. 우리 반도체 업
계의 글로벌 시장점유율은 여전히 높다. 1993년 정상에 오른 후 매년 상
승하고 있다. 수출에서의 위상도 절대적이다. 한국무역협회에 따르면
2016년 1~5월 수출 1위 품목은 27조 315억 원(전체 수출액 중 11.9%)으로
단연 반도체였다. 하지만 반도체 수입액 역시 만만치 않다. 같은 기간 17
조 4,251억 원으로 전체 수입액 중 9.5%를 차지한다. 왜 이런 현상이 발
생하는 걸까? 바로 시스템 반도체의 불균형 때문이다.

이제부터 비메모리 반도체이다. 특히 시스템 반도체를 중점적으로 다
룰 것이다. 시장조사업체인 〈TMR〉은 전 세계 시스템 반도체 시장이

2014년 359억 5천만 달러 규모에서 2021년 719억 8천만 달러로 확대될 것으로 예측했다. 연평균 10.5%씩 성장한다는 이야기다. 다양한 기능을 집약한 시스템을 하나의 칩으로 만든 시스템 반도체의 이해를 통해 비로소 반도체 완전정복이 가능할 것이다. 다음은 시스템 반도체를 포함한 비메모리 반도체 분류이다.

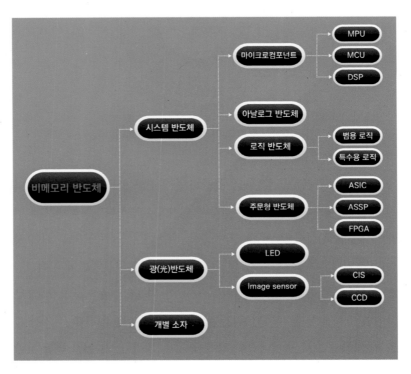

비메모리 반도체 분류

2. 시스템 반도체

통상 '시스템'이란 어떤 목적을 위해 필요한 기능을 일정한 규칙에 따라 모아둔 것이다. 이를 반도체로 확장하면 각종 소자 및 이를 구동하는 프로그램 등을 선택적으로 통합해 특정 기기를 제어, 운용하는 반도체, 즉 시스템 반도체를 말한다. 정보저장 용도로 사용되는 메모리 반도체와는 달리 정보처리, 즉 논리와 연산, 제어 기능 등을 목적으로 제작된 반도체인 것이다.

시스템 반도체는 '처리'의 기술이다. '저장'의 메모리와 대조된다. 한편 메모리 반도체는 대규모 시설투자가 필요하다. 한 제품을 만들려면 적어도 300~400개의 공정이 필요하고 수천 명의 엔지니어가 동원된다. 당연히 수조 원의 투자가 뒤따른다. '반도체 치킨게임'이란 막대한 자본이 소요되는 메모리 업계에서의 치열한 생존 다툼을 말한다.

시스템 반도체는 다양한 제어기술을 하나로 통합하고, 상대적으로 복잡한 회로구성을 단순, 명료하게 구현하는 것이 핵심이다. 회로가 엉켜서도 안 되고, 오작동은 치명적이다. 또한 메모리와 달리 다품종 소량 생산의 중소·벤처형 사업구조로 진입장벽이 비교적 낮다. 창의적인 제품만 선도적으로 내놓을 수 있다면 부가가치는 매우 높다. 지금부터 시스템 반도체를 하나하나 살펴보자.

1) 마이크로컴포넌트

각종 전자제품 작동에 필요한 수많은 명령어를 담고 있는 시스템 반도체이다. 언뜻 '프로세서(processor)'와 혼동하기 쉬운데 프로세서는 컴퓨터 용어로 하드웨어 관점으로는 중앙연산처리장치(CPU)를 말하고 소프트웨어 관점에서는 프로그램 언어를 기계어로 변환하는 컴파일러, 어셈블러 등을 지칭한다. 마이크로컴포넌트(microcomponent)는 크게 마이크로 컨트롤러(micro controller unit, MCU), 마이크로 프로세서(micro processor unit, MPU), 디지털 시그널 프로세서(DSP)로 나눈다.

컴퓨터를 구매할 때 가장 먼저 살펴보는 것이 CPU이다. 용어 그대로 '컴퓨터의 정중앙에서 모든 데이터를 처리하는 장치'라는 뜻이다. 시스템 반도체를 소개하며 각종 전자기기의 논리와 연산, 제어기능 등을 담당한다고 했는데 CPU도 완전히 같다. CPU는 제어장치, 연산장치, 레지스터들로 구성되어 각종 전자기기의 두뇌 역할을 한다. 사용자로부터 입력받은 명령어를 해석, 연산한 후 그 결과를 얻어내는 것이다.

PC 시절에 CPU는 단연 인텔이 으뜸이었다. 인텔의 CPU 로드맵에 맞춰 PC가 발전하고 실리콘 사이클[41] 등 관련 산업 사이클도 함께 움직였다. 이러한 인텔의 아성에 도전한 것이 ARM[42]이다. ARM의 CPU는 전력 소모가 적어 모바일 기기와 잘 맞아떨어졌다. 특히 제품보다는 IP판매[43] 정책을 채택해 ARM 디자인 기반 프로세서는 한 해 80억 대 이상

---

41) **실리콘 사이클(silicon cycle):** 4년 주기로 호·불황이 반복되는 반도체 산업의 경기 순환 사이클이다.

42) **ARM(ARM Holdings Plc):** 영국의 반도체 설계회사이다. 삼성전자, 퀄컴, 애플의 모바일 칩 대부분이 ARM의 라이선스로 제작된다.

43) **IP판매:** 반도체 기업 중에 반도체를 제조하지 않고 IP(intellectual property), 즉 지적재산권만 판매하는 기업이 있다. 이들이 파는 IP는 반도체 설계도이다.

출시된다고 한다.

CPU가 다양해지자 이 모두를 CPU라고 부르기에는 혼란스럽기에 호칭의 분화가 시작되었다. 제일 먼저 자기 이름을 내세운 것은 MCU이다. 특정 기계장치나 가전제품, 요즘은 사물인터넷, 웨어러블 기기[44]의 독립적 제어기능을 수행하는 역할을 한다. 특히 차량에 사용되는 MCU는 ECU(electronic control unit)로 별도 분류하기도 한다. 바른전자가 생산하는 메모리 카드나 USB 메모리 속에도 MCU가 있는데, 메모리를 제어하고 본체 기기와 신호를 주고받는다. MCU를 일반적으로 '컨트롤러'라고도 부른다.

2016년 기준 MCU 1위 기업은 네덜란드 NXP이다(출처: IC인사이츠). 29억 1400만 달러 매출로 19% 점유율을 차지한다. 전년대비 무려 116% 성장했는데 동종 기업 프리스케일을 합병한 효과이다. 이 기간 삼성전자는 2위에서 4위로 밀렸다. NXP는 미국 기업 퀄컴에 다시 인수됐다. 시스템 반도체 업계에서는 M&A가 빈번하게 일어나는데 4장에서 별도로 다룰 것이다.

CPU가 크기 변신에도 나섰다. MPU는 작게(micro) 만든 프로세서란 뜻이다. 이런 이름이 탄생한 시점에 CPU는 커다란 보드에 복잡한 회로와 여러 칩을 심어 만들었는데, 당연히 큰 면적을 차지한다. 이런 CPU

---

44) 웨어러블 기기(wearable device): 스마트폰, 컴퓨터 등과 무선으로 연동해 사용하는 손목시계(스마트 워치), 안경, 반지, 밴드형 기기 등을 말한다. "휴대에서 착용으로"라는 말과 같이 최근 웨어러블 혁명에 대한 관심이 높다.

를 고밀도집적회로(LSI) 기술을 이용해 하나의 칩 속에 구현한 것이 MPU이다. CPU는 가로 세로가 4~5cm에 달하지만 MPU는 1cm 정도이다.

MCU, MPU 좀 혼란스러울 수 있다. MPU는 단지 CPU 그 자체만을 소형화시켜 놓은 칩이다. 따라서 주변에 램, 롬, 입출력 장치를 추가해주지 않으면 작동하지 않는다. 반면 MCU는 CPU의 핵심 기능과 그 주변 장치들을 포함하고 있는 통합형 칩 셋(system on chip, SOC)으로 그 자체로 하나의 소형 컴퓨터(원 칩 컴퓨터, 마이컴)라 말할 수 있다.

PC 메인보드(주기판)에 CPU를 장착하는 모습

한편 컴퓨터는 0 과 1로 된 디지털 신호만 처리할 수 있기 때문에 우리 실생활에서 발생하는 다양한 아날로그 신호를 디지털로 바꾸는 업무 역시 CPU에 커다란 부담이 되었다. 대표적으로 음성을 디지털 신호로

3차 산업혁명이 인간을 자동화하는

시기였다면 4차 산업혁명은 인간을 대신하는 시기이다.

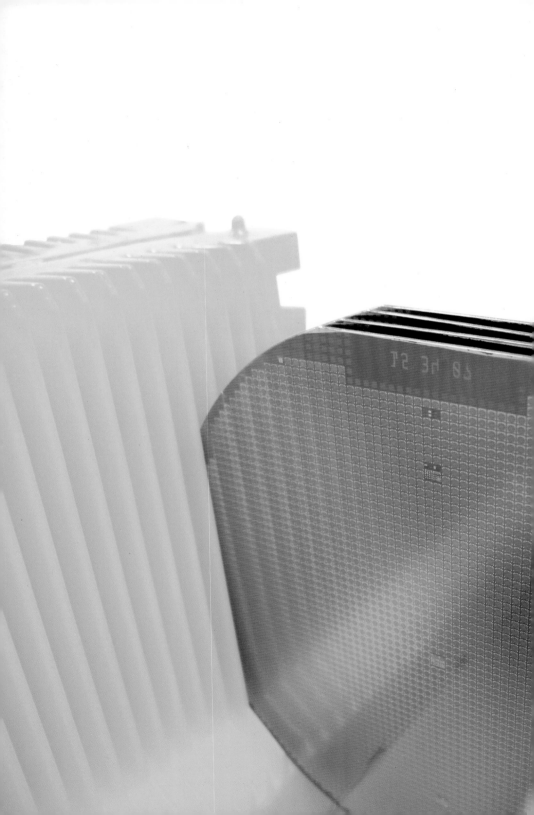

3장
반도체
제조공정

1 반도체 전공정 • 145

2 반도체 후공정 • 171

3 시스템 반도체 설계 • 206

반도체를 만드는 첫 걸음은 웨이퍼를 만드는
것이다. 이 웨이퍼를 중심으로 전공정과 후공정이 나뉜다.
자연 상태의 규소를 채취해 웨이퍼를 만드는 공정까지를 전공정
(front-end process)이라 하며, 웨이퍼를 사용하여 우리가 흔히
보는 검정색 지네 다리 반도체로 만드는 공정을
후공정(back-end process)이라 한다.

반도체 전공정

1. 전공정, 후공정

미국의 미래학자 레이 커즈와일(Ray Kurzweil)은 2035년이면 컴퓨터 1대의 지능이 인간 1명의 지능을 추월하게 되고, 2045년이면 컴퓨터 1대의 지능이 인류 전체의 지능을 넘어서게 될 것이라고 예측했다.

2016년 3월 구글의 인공지능 알파고(AlphaGo)와 이세돌 9단과의 바둑 대결이 있었다. 1,202개의 CPU를 포함해 100만 개의 반도체가 탑재된 슈퍼컴퓨터와 인간의 대결은 다행히(?) 4:1로 끝났지만 사실상 인간의 완패나 다름없었다. 인간이 컴퓨터를 이길 수 있는 유일한 방법은 스위치를 끄는 방법뿐일 것이다.

앞서의 글을 통해 반도체, 반도체의 원리, 다양한 반도체 제품을 살펴보았다. 그런데 여전히 의문이 남는다. 각종 소자를 집적시킨 수억, 수십억 개의 회로를 어떻게 손톱만한 반도체에 넣을 수 있을까? 지금부터 반도체 제조공정을 알아보자.

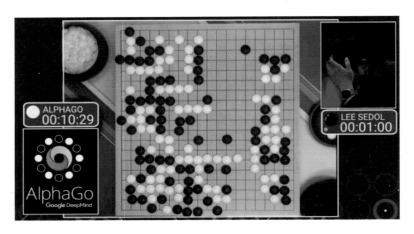

이세돌 vs. 알파고. 알파고는 2017년 바둑 1위 커제와의 대국에서도 승리했다.

회로란 무엇일까? 전기신호를 주고받는 선이다. 그럼 반도체 제조공정
은 무엇인가? 실리콘 기판 위에 소자를 심고 소자를 연결하는 금속 선
을 배선하는 작업이다. 소자가 많을수록, 배선이 복잡할수록 용량은 커
진다. 이러한 작업을 거쳐 만들어진 것이 뉴스에서 자주 보는 무지갯빛
둥근 원판, 즉 웨이퍼[52]이다. 그런데 웨이퍼 상태로는 반도체가 될 수 없
다. 낱개의 칩으로 잘라내야 하고 전원·데이터를 전송할 지네 다리를 붙
여야 하며, 외부 충격으로부터 보호하기 위해 까만 플라스틱 포장도 씌

---

52) 웨이퍼(wafer): 반도체 재료가 되는 둥근 실리콘 원판을 말한다. 본래 웨이퍼는 2겹으
로 된 얇은 비스킷을 말하며 천주교의 성찬식에 사용하는 빵도 웨이퍼라고 부른다. 우리
나라에서는 이 과자를 '웨하스'라고 하는데, 웨이퍼의 복수형인 wafers의 일본식 발음 '웨
하스'가 우리나라로 들어와 그대로 사용된 것이다. 일본에서는 실리콘 웨이퍼를 아직도
'실리콘 웨하스'라고 읽는다.

워야 한다.

　반도체를 만드는 첫 걸음은 웨이퍼를 만드는 것이다. 이 웨이퍼를 중심으로 전공정과 후공정이 나뉜다. 자연 상태의 규소를 채취해 웨이퍼를 만드는 공정까지를 전공정(front-end process)이라 하며, 웨이퍼를 사용하여 우리가 흔히 보는 검정색 지네 다리 반도체로 만드는 공정을 후공정(back-end process)이라 한다.

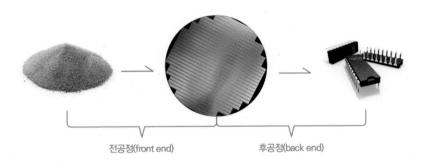

전공정(front end)　　　　후공정(back end)

반도체 제조공정

　반도체는 전·후 공정 모두 매우 숙달된 기술이 필요하며 자동화된 설비를 통하여 진행된다. 특히 전공정은 후공정에 비해 대규모의 설비 투자가 필요하다. 따라서 삼성전자, SK하이닉스, 인텔, 도시바, 마이크론 같은 대기업만 진출하고 있다. 한편 이러한 전공정 제조설비를 갖춘 공장을 '팹(FAB)'이라고 한다. 반도체 산업의 출발은 팹이다. 따라서 반도체 기업은 팹을 운영할 수준의 자본력과 기술력을 함께 갖추어야 했다. 그러나 반도체 기술이 지속적으로 발전하고 응용 분야가 늘어남에 따라 자연스럽게 분업이 일어나게 되었다.

가장 먼저 분화된 사업이 패키지 사업이다. 웨이퍼를 중간 산출물로 하여 손쉽게 나눌 수 있기 때문이다. 후공정은 반도체 웨이퍼를 낱개로 잘라 포장한다는 의미에서 포장 공정, 영어로 '패키징(packaging) 공정'이 라고 한다. 또한 후공정 전문기업을 '패키징 하우스(packaging house)'라 고도 한다.

이 절에서는 반도체 전공정, 즉 팹에서 웨이퍼를 만드는 과정을 소개 할 것이다. 이어지는 2절에서는 후공정, 즉 패키징 하우스에서 까만색 반 도체를 만드는 공정을 소개한다. 그리고 마지막 3절에서는 시스템 반도 체 제조 과정을 살펴볼 것이다. 시스템 반도체도 웨이퍼, 패키징 등 똑같 은 전·후공정을 거치지만 설계 단계가 매우 복잡하다. 이 부분을 특별 히 살펴볼 것이다.

2. 공정의 흐름

반도체 전공정은 매우 복잡하다. 얼추 300~400여 단계이다. 지난 2015년 삼성전자가 평택에 반도체 팹 투자 계획을 밝혔는데 예산만 10 조 원이다. 막대한 설비에, 각 공정별로 수백~수천여 명의 엔지니어가 투입될 것이다. 하지만 걱정할 필요는 없다. 반도체 상식 수준에서 이 복 잡한 과정을 모두 알 필요는 없다.

앞서의 설명처럼 웨이퍼 제작까지를 전공정이라 한다. 자연에서 채취 한 돌, 모래를 번쩍이는 원판(웨이퍼)으로 만드는 과정이다. 여기서는 이 전공정을 9개의 핵심 공정으로 나눠 설명하고자 한다. 다음은 공정 프로세스별로 나타낸 그림이다.

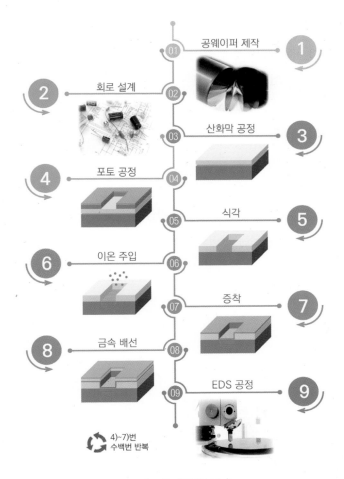

반도체 전공정 9단계

그림에서 보면 4)포토 공정에서 7)증착은 수백 번 반복된다고 했다.

한 사이클이 돌 때마다 한층씩 쌓이며(이를 '집적'이라 하며 그래서 반도체를 집적회로라 부른다) 복잡한 반도체 구조물이 만들어지기 때문이다. 한편 4) ~ 7)의 사이클이 반드시 순서대로 되는 것은 아니다. 제작하고자 하는 반도체의 구조에 따라 순서가 바뀔 수 있으며 몇 개 세부 공정이 빠질 수도 있다. 자 이제부터 각 단계별 공정을 살펴보자.

1) 공 웨이퍼 제작

반짝이는 둥근 원판, 즉 '웨이퍼'를 만드는 공정이다. 전공정을 마친 웨이퍼(칩이 인쇄된)와 구별하자. 대부분의 웨이퍼는 주로, 모래에서 추출한 규소(실리콘)로 만든다. 규소는 금속과 비금속의 특성을 모두 갖는 준금속이다. 전기가 잘 흐르는 물질인 도체와 흐르지 않는 물질인 부도체의 중간 성질을 띠며 지각에서 산소 다음으로 풍부하게 존재하는 원소이다.

규소는 모래, 암석, 흙 등에서 산화물 또는 규산염으로 존재한다. 또한 많은 불순물을 함유하고 있어 고순도의 규소를 추출하기 위해서는 고도의 정제 기술이 필요하다.

여름철에 즐겨 먹는 아이스커피 한 잔을 냉장고에 얼려보자. 몇 시간 뒤, 꽁꽁 얼린 커피를 실온에서 천천히 녹여 먹게 되면 녹은 윗부분은 "달달"한데 얼음이 아직 녹지 않은 바닥 쪽은 맹물이다. 왜 그럴까?

커피를 처음 탈 때 농도는 균일하다. 하지만 얼리고, 다시 녹이는 과정을 통해 커피 입자가 녹은 물(온도가 높은 쪽) 속으로 이동했기 때문이다. 즉 용해도가 다른 것인데, 이와 같은 원리로 불순물이 함유된 규소를 고순도의 규소로 정제할 수 있다.

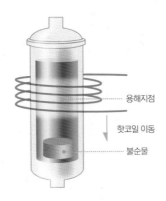

용해지점

핫코일 이동

불순물

실리콘 정제 기술

위의 그림과 같이 기다란 빈 용기(silicon rod)에 규소를 집어넣고 코일이 위치한 부분에 강한 열을 가하게 되면 규소는 녹게 되는데, 이 코일을 아래로 서서히 내리면 규소 속에 있던 불순물이 뜨거운 코일을 따라 내려오게 된다. 앞서 달달한 커피 입자를 불순물이라 보면 된다.

코일이 맨 아래까지 오게 되면 그 부분의 규소는 불순물을 한껏 머금고 있으므로 잘라서 버리게 된다. 이 과정을 반복하면 아주 순수한 규소를 얻게 되는 것이다.

이렇게 정제된 규소는 단결정[53] 실리콘으로 만들기 위해 고온에서 녹인 후 회전과 끌어올림을 통해 규소봉을 만드는데, 이것을 잉곳(ingot)이

---

53) **단결정(single crystal):** 덩어리 전체의 원자가 규칙적으로 배열되어 하나의 결정을 이룬 것. 반도체로 사용되는 게르마늄이나 규소 등은 모두가 단결정체이다. 다결정에 대응된다.

라 한다(아래 그림 맨 좌측). 반도체용으로 사용되는 잉곳은 규소의 순도
가 99.999999999%로 9가 11개 이상이어야 하는데 이를 일레븐나인
(eleven nine)급이라고 한다.

한편 회전하는 속도에 따라 잉곳의 직경을 조정할 수 있다. 현재 웨이
퍼의 지름은 300mm(12인치)를 주로 사용하고 있는데, 최초에는 100mm(4인
치) 정도였다. 웨이퍼의 지름이 늘어날수록 한 번에 생산하는 칩의 수가
갑절로 늘어나므로 지름은 지속적으로 커지는 추세이다. 2018년 경에는
400mm(18인치) 웨이퍼가 사용될 것으로 예측된다.

이렇게 만들어진 잉곳을 다이아몬드 톱으로 감자 칩처럼 얇게 잘라내
어 둥근 원판으로 된 웨이퍼를 완성하게 된다. 하지만 절단된 웨이퍼는
바로 사용할 수 없다. 표면에 흠결이 있고 매우 거칠기 때문이다. 그래서
CMP(chemical mechanical polishing, 화학적 기계연마)라는 공정을 통해 표
면을 연마한다. 웨이퍼를 패드 위에 올려놓고 연마액을 뿌리며 맷돌처럼
회전시키면 거울처럼 반짝이는 웨이퍼가 만들어진다(아래 그림 맨 우측). 이
렇게 완성된 웨이퍼를 공 웨이퍼, 혹은 베어 웨이퍼(bare wafer)라 한다.

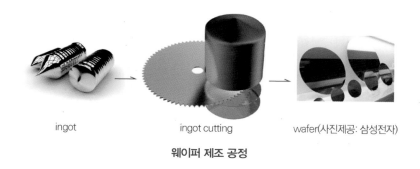

ingot   ingot cutting   wafer(사진제공: 삼성전자)

웨이퍼 제조 공정

몇 해 전 바른전자에 견학 온 학생 중 한 명이 이런 질문을 했다. "웨이퍼를 원형으로 하는 특별한 이유가 있나요? 칩은 사각형인데 못쓰는 자투리가 많이 생기지 않나요?"

"맞다" 반도체 칩은 다음 그림과 같이 웨이퍼 원판에 네모난 여러 격자 모양으로 되어 있고 네모난 조각 하나하나가 낱개의 반도체로 만들어진다. 하지만 원형이다 보니 외각의 칩은 비스듬히 잘라져 버리게 된다(edge die). 어렵게 만든 반도체 칩을 버린다니 당연히 이런 질문이 나온다. 대답은 이렇다.

잉곳은 규소를 고온으로 녹인 용액에 결정핵을 넣어 빙글빙글 돌리며 결정을 성장시킨다. 이 과정에서 자연스럽게 원통형 잉곳이 만들어지는 것이다. 또한 반도체 공정에서도 웨이퍼가 회전 운동을 많이 하게 된다.

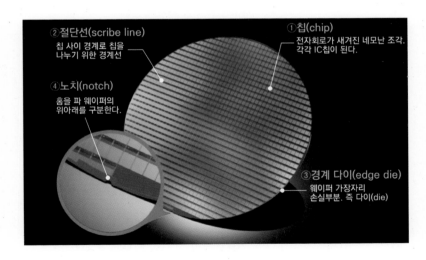

웨이퍼 부위별 명칭

따라서 낭비되는 것도 있지만 원형이 생산성을 높이는 데 도움이 된다.

앞으로 여러분은 전공정 9단계를 거쳐 멋진 회로가 인쇄된 웨이퍼를 보게될 것이다. 이해를 돕기 위해 웨이퍼 상의 몇 가지 명칭(앞의 그림)을 먼저 알아둔다면 도움이 될 것이다.

2) 회로 설계 및 마스크 제작

집을 짓든 자동차를 만들든 가장 중요한 것은 설계이다. 설계가 잘 되어야 100년 주택이 되고 명차가 탄생한다. 마찬가지로 "반도체를 잘 만든다"는 것은 설계 기술이 그만큼 뛰어나다고 보면 된다.

반도체 회로 설계란 트랜지스터, 저항, 다이오드, 커패시터 등의 소자를 기능에 맞게 배치하고 이를 연결하는 회로를 그리는 작업이다. 즉 밑그림 단계인데 설계에 따라 메모리 혹은 다양한 특성의 시스템 반도체가 나온다.

회로의 도면은 거대하다. CAD(computer aided design) 프로그램을 통해 전자회로 패턴(pattern)으로 설계되는 이 도면은 50~100m 정도이다. 회로가 제대로 연결되었는지 확인하기 위해 아파트 한 동 크기의 도면을 바닥에 펼쳐놓고 사람이 직접 검사하기도 한다.

도면 검사까지 마친 회로는 포토마스크(photomask 혹은 reticle)라고 하는 유리판에 옮겨진다. 순도가 높은 석영을 가공해서 만든 유리판 위에 E-beam이라는 설비를 통해 다시 그려지게 되는 것이다. 이것은 회로 패턴이 고스란히 담긴 네거티브 필름으로 사진용 원판의 구실을 하게 된다. 뒤에 설명하겠지만 포토마스크는 필름, 웨이퍼는 인화지가 되는 것이다. 전 세계 포토마스크 시장은 한 해 약 40억 달러 정도이다.

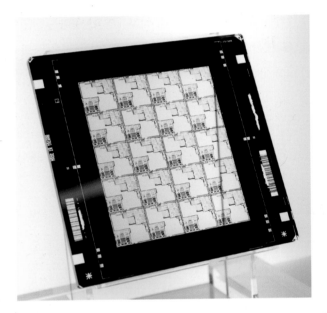

포토마스크. E-beam을 통해 패턴이 복사된다(출처: Wikimedia Commons).

3) 산화막 공정

반도체는 나노 수준의 회로기술로 반도체 제조 공정 중 먼지 한 톨이라도 들어가면 칩에는 핵폭탄과 같은 거대한 재앙이 발생한다. 이렇듯 눈에 보이지 않는 미세한 오염물질도 집적회로의 전기적 특성에 영향을 미칠 수 있기 때문에 공정 시 발생하는 불순물로부터 웨이퍼를 보호하는 적극적 조치가 필요하다.

금속은 대기 중 혹은 화학물질 내에서 산소에 노출되면 산화막(oxide

film)을 형성하게 되는데 이는 철이 대기 중에 노출되면 산화되어 녹이 스는 것과 같은 이치이다. 산화(oxidation) 공정은 고온(800~1,200℃)에서 산소나 수증기를 웨이퍼 표면에 뿌려 얇고 균일한 실리콘 산화막(SiO_2)을 형성시키는 과정이다. 반도체 재료로써 실리콘의 장점은 산화막을 형성하기 쉽다는 점이다.

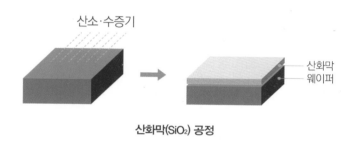

산화막(SiO_2) 공정

산화막은 이러한 특성때문에 여러 용도로 사용된다. 앞서의 실리콘 표면을 보호하는 것 이외에, 이어지는 식각 공정에서 불필요한 부분이 식각되는 것을 막는 방지막의 역할도 하고, 이온주입 공정에서 도핑을 원치 않는 부분에 불순물이 확산되는 것을 막기도 한다. 또한 MOS트랜지스터에서 게이트와 기판 사이를 절연하고, 기판의 극성을 유도한다. 뒤에서 보충 설명한다.

4) 포토리소그래피 공정

아마도 '포토(photo)'라는 단어 덕분에 독자 분들은 이 공정이 사진과 관련된 기술이라는 것을 눈치챘을 것이다. 과거에 사진 인화 방식은 감광액(photoresist)을 바른 인화지를 빛에 노출시켜 원하는 상을 얻는 기술이었다. 포토리소그래피(photolithography) 공정(줄여 '포토 공정') 또한 완전히 같다. 다만 필름이 마스크로, 인화지가 웨이퍼로 바뀐 것이다. 'lithography'는 lithos(=stone, 즉 규소)와 graphos(=writing, 쓰다)의 합성어이다. 포토 공정은 아래 3단계 〈감광액 도포 → 노광 → 현상〉의 세부 공정으로 다시 나뉜다. 단계별로 자세히 알아보자.

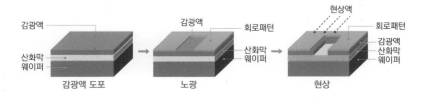

포토 공정. 〈감광액 도포 → 노광 → 현상〉의 세부 공정을 거친다.

1단계, 감광액(photoresist) 도포는 웨이퍼에 빛에 민감한 물질인 감광액을 골고루 바르는 작업이다. 사진현상과 같이 웨이퍼를 인화지로 만들어 준다. 웨이퍼 위에 감광액을 떨어뜨리고, 고속으로 회전시켜 감광막을 형성한다. 고품질의 인화를 위해 감광액이 얇고 균일한 막을 형성해야 하며 물론 빛에 대한 감도가 높아야 한다.

2단계, 노광(exposure)은 "빛에 노출시킨다"는 뜻이다. 빛을 쬐어 마스크에 그려진 회로 패턴을 웨이퍼에 옮기는 것이다. 노광 공정은 웨이퍼를 노광 장비(stepper)에 고정한 후 패턴이 새겨진 마스크를 대고 자외선에 노출시키면 아래 그림과 같은 현상 과정을 거쳐 감광막에 회로 패턴이 형성된다. 이런 과정을 웨이퍼를 이동하며 반복하면 손톱만한 네모난 칩이 웨이퍼에 가득 찬다.

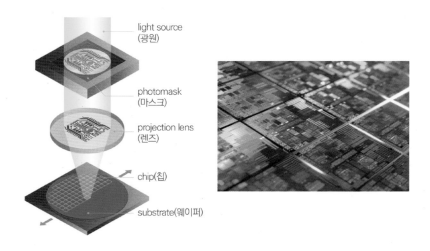

light source
(광원)

photomask
(마스크)

projection lens
(렌즈)

chip(칩)

substrate(웨이퍼)

노광 및 웨이퍼에 인쇄된 칩

이처럼 포토공정은 회로를 프린팅하는 과정이다. 회로 설계를 통해 얻어진 최초의 거대한 도면을 사방 1cm 정도의 작은 칩에 옮기는 것인데 여기서 등장하는 것이 노광장비, 즉 스테퍼(stepper)이다.

지난 수십 년간 반도체 산업이 발전할 수 있었던 배경은 칩의 회로 선폭을 꾸준하게 좁혀온 것에서 찾을 수 있다. 회로와 회로 사이의 간격이 줄면 칩 면적은 좁아진다. 웨이퍼 한 장에서 얻을 수 있는 칩 수가 늘어난다는 의미이며 용량 확대, 원가 절감 효과로 이어진다. 노광은 무어의 법칙을 지속시켜줄 핵심기술인 것이다.

노광에서 중요한 건 빛의 파장이다. 파장이 줄어들수록 해상도가 높아지고 더욱 미세한 회로 패턴을 구현할 수 있다. 한편 짧은 파장의 빛을 프로젝션 렌즈(projection lens)로 조사, 필요한 크기로 축소하는 기술을 투영식 노광(projection exposure) 방식이라 한다. 쉽게 망원경을 예로 들면, 망원경을 거꾸로 보면 물체가 작아 보인다. 축소되는 것이다. 그런 망원경을 여러 대 연결하면 한없이 작은 축소물을 얻을 수 있을 것이다.

스테퍼(stepper)는 'step과 'repeat'의 합성어이다. 미세한 패턴을 얻기 위해 스테퍼는 마스크를 한번에 노광하고 웨이퍼 스테이지가 다음 좌표로 이동하면 다시 노광을 반복하는 개념이다. 노광 장비는 네덜란드의 장비업체인 ASML이 독보적인 기술력을 보유하고 있다. 일본 캐논과 니콘이 개발을 시도했지만 사실상 포기한 상태다. 노광 장비는 반도체 제조장비 중 최고가로 한 대에 수백억 원을 호가한다.

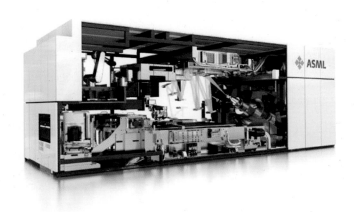

스테퍼(노광장비)(사진제공: ASML코리아)

마지막, 현상 공정이다. 사진을 현상하는 것과 동일하다. 웨이퍼에 현상액을 뿌려가며 노광된 영역과 노광되지 않은 영역을 선택적으로 제거해 회로 패턴을 완성한다.

웨이퍼 위에 균일하게 입혀진 감광막은 빛에 어떻게 반응하는가에 따라 포지티브(positive)와 네거티브(negative)로 분류된다. 포지티브 감광액의 경우 현상 공정을 통해 노광된 영역이 제거되고, 네거티브 감광액의 경우 노광된 영역만 남게 된다. 앞서의 그림은 네거티브 방식으로 회로 패턴만 남겨둔 것이다.

광학기술은 우리 생활을 더욱 편리하게 하였다. 망원경, 현미경, 카메라렌즈, 안경 등이 모두 광학기술이다. 반도체 핵심 제조 공정인 포토 공정 또한 광학기술을 이용한 것이다. 따라서 반도체도 범광학기술 범주에 포함된다고 할 수 있다.

포토 공정은 가장 중요한 공정으로 설명도 길어졌다. 정리하면 포토 공정은 마스크의 회로 도면을 둥그런 원판 웨이퍼 위에 손톱만한 칩으로 인화하는 것이다.

5) 식각 공정

식각(etching)이란 "부식하여 조각한다"는 뜻으로 화학약품을 이용하여 표면을 부식시키는 것을 말한다. 포토 공정에서 웨이퍼 위에는 수백 개의 칩이 바둑판처럼 쭉 배열된 상태가 되었고, 또 칩 하나하나를 보면 10억 개 이상의 소자가 그려져 있다. 식각이란 부식액(etchant)을 이용해 필요한 회로만 남기고 나머지는 깎아내는 작업이다. 어릴 적 한 번쯤 해

봤을 에칭 판화를 연상하면 된다.

식각 공정을 자세히 보자. 포토 공정을 거친 웨이퍼에 부식액을 뿌려
준다. 그러면 감광액에 의해 덮여있는 산화막 부분은 부식액이 닿지 못
하므로 아무 일도 벌어지지 않는다. 하지만 노출된 산화막 부분은 부식
액에 의해 녹게 된다. 그런 후에 감광막을 제거한다. 결국, 감광액에 의
해 보호받은 부분의 산화막만 남아 있고 감광막에 의해 보호받지 못한
부분은 제거되어 포토마스크 위의 패턴과 같은 산화막 패턴이 웨이퍼
위에 형성된다. 아래 그림의 가장 오른쪽이 최종 결과물이다.

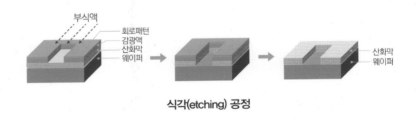

식각(etching) 공정

식각은 초창기 화학적 습식(wet) 식각 공정이 주로 사용되었다. 하지
만 80년대 집적도가 VLSI급으로 계속 높아지면서 플라스마[54]를 이용한
건식 식각 기술이 정착되면서 극미세 공정을 소화할 수 있게 되었다.

---

54) 플라스마(plasma): '제4의 물질 상태'라고도 한다. 고체에 에너지(열)를 가하면 '액체
→기체'가 되는데 다시 이 기체 상태에 높은 에너지를 가하면 원자 속의 전자가 분리되어
플라스마 상태(가스?)가 된다. 플라스마는 에너지 상태가 보통 기체보다 높기 때문에 반응
성이 높아 실리콘이나 글라스같은 물질을 깎아 낼 수 있다.

6) 이온 주입 공정

원자핵 주위에 있는 전자 중에는 다른 원자로 쉽게 이동할 수 있는 것이 있다. 전자의 이러한 성질 때문에 어떤 원자는 전자를 다른 원자에게 주기도 하고, 다른 원자로부터 전자를 받기도 한다. 이온 주입 공정은 웨이퍼에 불순물을 주입하여 일정한 전도성을 갖게 하는 단계이다. 전자를 주고받음으로써 물리적 특성을 바꾸는 것인데 이러한 불순물을 '이온(ion)'이라 한다.

앞서 반도체는 "어떤 때는 전기가 통하고, 또 어떤 때는 통하지 않는" 이상한 물질이라 정의했다. 가만히 놓아둔 상태에서는 전기가 통하지 않는 부도체의 성질을 갖고 있지만, 어떤 인공적인 조작 즉 열, 빛 혹은 불순물을 가해주면 전기가 통하고, 또한 조절도 할 수 있는 물질로 변하는 것이다.

이온 주입 공정은 바로 이 실리콘 웨이퍼에 생명(전기를 통하게)을 불어넣어 주는 작업이다. 불순물을 주입하여 전도성의 반도체를 만드는 것인데 이때 사용하는 불순물이 붕소(B), 인(P), 비소(As) 등이다. 15족 원소인 인(P)이나 비소(As)를 주입하면 n형 반도체가 되고, 13족 원소인 붕소(B)를 주입하면 p형 반도체가 된다. 앞서 설명한 바 있다.

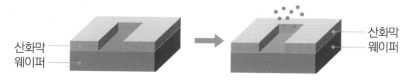

이온(ion) 주입 공정

이 불순물을 미세한 가스 입자로 만들어 포토 및 식각을 통하여 노출된 부위에 원하는 깊이만큼 넣어줌으로써 웨이퍼가 비로소 반도체 성질을 갖게 되는 것이다.

7) 증착 공정

증착은 '퇴적' 즉, "쌓아 올린다"는 뜻이다. 이온 주입 공정까지 끝내면 웨이퍼 위에 1개 층의 반도체 구조물이 만들어진 것이다. 그러나 대규모 집적회로를 웨이퍼 위에 만들기 위해서는 1개 층으로는 부족하다. 반도체 집적회로란 개별 소자(트랜지스터, 저항, 커패시터, 다이오드)가 무수히 연결된 구조물이기 때문에 구조물이 복잡할수록 여러 층을 쌓아 올려야 한다. 가족이 늘면 2층, 3층이 필요한 것과 같다.

손톱보다 작고, 신문 용지만큼이나 얇은 반도체 칩을 수직으로 잘라 고배율 현미경으로 보면 무수히 많은 미세한 층(layer)이 겹겹이 쌓여있는 것을 알 수 있다. 이러한 구조를 만들기 위해서는 웨이퍼 위에 박막(thin film)을 입히고 앞서 설명한 포토, 식각 공정을 반복해야 하는데, 이렇게 박막을 입히는 작업을 증착 공정이라 한다.

여기에서 '박막'이란, 기계 가공으로는 실현 불가능한 두께인 1마이크로미터(1백만분의 1미터) 이하의 얇은 막을 의미한다. 300밀리 웨이퍼에 1마이크로미터의 박막을 씌우는 것은 여의도 면적에 모래를 1cm 이하의 두께로 균일하게 까는 것과 같은 수준이다.

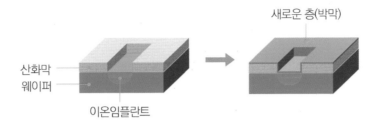

새로운 층(박막)

산화막
웨이퍼

이온임플란트

증착(deposition) 공정

증착 공정을 통해 형성된 박막은 전기적인 신호를 연결해 주는 도전체의 역할과 내부 회로 층을 전기적으로 분리하는 절연체의 역할을 한다. 회로를 서로 막힘없이 길을 만들어 주는 것이 도전막, 고가를 만들어 상·하행길을 구분지어 주는 것이 절연막이다

증착은 도금기술이다. 진공 챔버 속에서 금속이나 화합물 따위를 가열·증발시켜 그 증기를 물체 표면에 얇은 막(박막)으로 입히는 일이다. 증착의 방법은 크게 물리기상증착방법(physical vapor deposition, PVD)과 화학기상증착방법(chemical vapor deposition, CVD)으로 나뉜다. 이 둘의 차이는 증착시키려는 물질이 기체 상태에서 고체 상태로 변화할 때 어떤 과정을 거치느냐이다. 반도체 제조공정에서 주로 사용하는 방법은 CVD 방식이다.

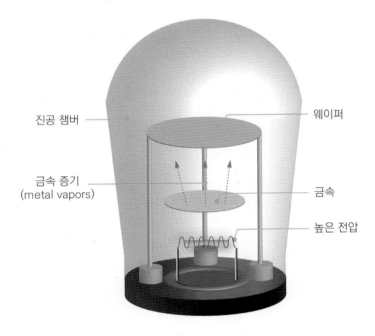

진공 챔버

웨이퍼

금속 증기
(metal vapors)

금속

높은 전압

증착(vacuum evaporation). 금속을 가열하여 박막을 형성한다.

8) 금속 배선 공정

〈 4)포토 → 5)식각 → 6)이온 주입 → 7)증착 〉 공정을 무수히 반복하면 웨이퍼 표면에는 수많은 반도체 소자가 겹겹이 집적된다. 그런데 이 기본 소자들을 동작시키기 위해서는 당연히 외부의 전기공급이 필요하다. 반도체의 회로패턴을 따라 전기길, 즉 금속선(metal line)을 연결해야 하는데 이를 금속 배선 공정이라고 한다. 반도체에 비로소 숨통이 트이는 것이다.

아래는 앞서 소개한 MOS트랜지스터이다. 위에 보이는 회색 막대가 모두 금속선이다. 각각의 역할을 알아보자. 금속인 게이트(gate)는 내부의 (+)와 (−)로 위아래로 나눠져 게이트 전압차를 조절하여 스위치(On/Off)의 역할을 한다. 중간의 게이트 유전체는 게이트를 절연하는 장벽 역할과 분극을 통해 하단 기판에 캐리어(carrier, 자유전자 혹은 정공)를 유도한다. 소스(source)와 드레인(drain)은 N형 MOSFET(n−p−n형)에서 다량의 전자(−)를 포함하고 있다. 반대로 p타입인 실리콘 기판은 정공(+)이 포함되어 있다. 그림의 화살표는 전자가 흐를 수 있는 채널(통로)을 뜻한다.

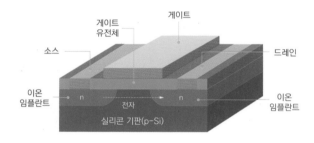

MOSFET 구조(n−p−n형)

MOSFET의 작동원리는 이렇다. 금속인 게이트 상단부에 (+)전하가 인가되면 p형 실리콘 기판의 (+)극을 띠는 정공은 같은 극성끼리 밀어내는 척력에 의해 소스와 드레인 사이에 채널이 형성되어 전자가 흐르게 된다. 반대로, 게이트 전압에 (−)전하가 인가되면 인력(척력의 반대)에 의해 정공이 채널을 막아 전자 이동을 제한한다. 게이트의 전압차를 이용하면 전자의 양도 통제할 수 있다. 전자의 흐름을 끊거나 연결함으로써 0과 1의 정보를 얻는 것이다.

게이트에 (+)전하가 인가되었을 때

게이트에 (−)전하가 인가되었을 때

트랜지스터의 작동 원리

MOSFET은 병렬로 연결할 수 있고 집적도도 매우 높다. 웨이퍼를 횡으로 자르면 수십억 개의 트랜지스터가 쭉 나열된 모습을 볼 수 있다. 하나하나의 트랜지스터는 0또는 1의 정보가 된다.

9) EDS 공정

자! 이제 테스트이다. 지금까지 모래에서 캐낸 금맥, 반도체 웨이퍼의 탄생 과정을 살펴보았다. 수백여 공정을 단 8단계로 함축했지만 여러분은 상식을 뛰어넘는 충분한 지식을 얻었다. 여러분이 반도체 종사자가 아니더라도 이 정도의 지식만 갖춘다면 준전문가 수준이다.

반도체 업계에는 테스트 전문기업이 존재한다. 한 해 수십억 개의 반도체를 팹 혼자 처리하기가 불가능하기 때문이다. 반도체 테스트는 소자의 전기적 기능을 검사하여 제품의 이상 유무를 판단하고, 불량의 원인 등을 피드백하여 설계 및 제조 공정상의 수율 개선을 목적으로 한다. 주로 삼성전자, SK하이닉스와 같은 팹 기업 또는 팹리스 기업들이 고객이다.

제조업의 가장 큰 자랑거리는 수율(yield)이다. 바른전자 역시 100%에 근접한 높은 수율이 자랑이다. 수율이란 결함이 없는 합격품의 비율이다. 부연하면 투입 수에 대한 양품(良品)의 비율이며, 불량률의 반대되는 개념이다. 수율이 높다는 것은 그만큼 기술력이 뛰어난 것이며 원가가 줄어 수익성 또한 좋다는 것이다. 그래서 제조업은 수율 0.1%에 목숨을 건다. 수율이 곧 돈인 셈이다.

반도체 기업의 수율은 특히 중요하다. 예를 들어 자동차는 특정 부분이 고장날 경우 해당 부품만 교체하면 되지만 복잡한 회로로 구성된 반도체에 결함이 생기면 제품 전체의 결함이 되기 십상이다. 수율의 계산법은 간단하다 예를 들어 웨이퍼 한 장에 4백 개의 D램을 설계해 3백 개의 양품이 나왔을 경우, 수율은 75%이다.

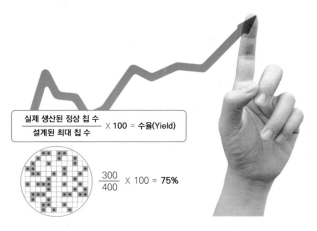

반도체 웨이퍼 수율

수많은 제조공정을 거친 반도체는 적절한 테스트를 통해 양품을 선별하게 된다. 특히 웨이퍼 각각의 칩을 다이(die)라고도 하는데 불량으로 판명되어 표시된(inking) 다이를 잉크 다이(ink die)라 한다. 잉크 다이에도 등급이 있어 사용에 큰 문제가 없는 다이는 다시 분류하여 B급 제품으로 시장에 유통하기도 한다. 매우 싼 가격의 반도체 제품이 있다면 한 번쯤 잉크 다이로 제작된 제품이 아닌가 의심할 필요가 있다.

최종 반도체의 출시까지 진행되는 테스트는 크게 두 가지로, 전공정 마무리 단계에서 진행되는 'EDS 공정'과 다음 절에서 소개할 '패키징 테스트'가 있다. EDS는 'electrical die sorting'의 약자로, 전기적 특성 검사를 통해 웨이퍼 상에 있는 칩들이 원하는 품질에 도달했는지 체크하는 것이다. 수선(repair)이 가능한 것은 양품으로 만들고 불가능한 칩은 잉크를 찍어서 육안으로도 확인할 수 있게 한다. 다음 공정에서 쓰이지 않도록 하기 위함이다.

한편 반도체의 동작을 검사하기 위하여 프로브 카드(probe card)를 사용한다. 프로브 카드는 PCB위에 미세한 탐침(pin, 바늘?)들이 심어져 있어 칩의 본딩 패드(접점)와 핀을 1:1로 접촉시키면 테스트 장비를 통해 검사결과가 표시된다. 이때 사용되는 장비가 웨이퍼 프로버(wafer prober)이다. 4장에 자세한 설명이 있다.

웨이퍼를 만드는 팹 기업의 수율은 철저한 대외비이다. 수율을 역으로 환산하면 생산량뿐만 아니라 제품 원가도 파악할 수 있기 때문이다. 팹 업계에서는 90% 이상을 골든 수율(golden yield)이라 하는데 전 세계 반도체업계 중 극히 일부만이 해당된다.

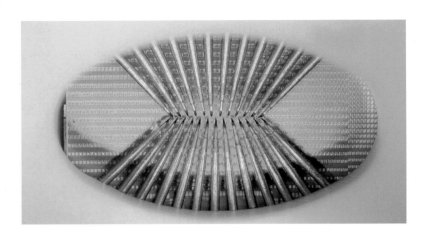

프로브 카드. 핀(pin)을 수십 배 확대한 사진이다.

반도체 후공정

1. 반도체 패키지

전공정을 통해 수백 개의 칩이 바둑판처럼 인쇄된 웨이퍼를 얻었다. 이 둥근 웨이퍼를 사용하여 실제 우리가 많이 보았던 손톱만한 검은 플라스틱 조각으로 만드는 과정이 후공정이다. 후공정에서는 웨이퍼에 인쇄된 수백 개의 칩을 하나하나 낱개로 잘라내어 사용하는데 이렇게 잘린 칩을 베어 칩(bare chip) 혹은 다이(die)라고도 한다. 광범위하게 사용되는 칩(칩=반도체=집적회로)이라는 용어와 구별하기 위함이다.

그런데 이 칩 자체만으로는 외부로부터 전기신호를 주고받을 수도 없으며, 외부 충격에 쉽게 손상된다. 또한 다양한 응용 제품에 걸맞은 모양을 갖추어야 한다. 따라서 칩에 전기적인 연결 장치를 마련해 주고, 외부 충격에 견디도록 밀봉 포장하며, 외모를 용도에 맞게 만들어주는 과정이 필요한데 이를 반도체 후공정이라고 한다. 이러한 일련의 과정이 마치 포장하는 것과 같다 하여 '패키징(packaging) 공정'이라고도 부른다.

반도체 패키지의 목적

바른전자는 패키징 설비를 갖추고 있어 패키지 기업으로 분류할 수 있다. 하지만 차이가 있다. 국내 패키지 전문기업으로 H사, S사, W사 등이 있다. 이들 기업은 주로 삼성전자, SK하이닉스와 같은 팹으로부터 반도체 패키징 및 테스트 업무를 위탁받는 외주 전문기업(OSAT, 뒤에서 설명한다)이다. 당연히 자사제품이 없으며 패키지 설계를 따로 하지 않는다.

반면 바른전자는 '바른플래시(BarunFlash)'라는 자체 브랜드로 다양한 스토리지 제품(메모리 카드, USB, SSD, eMMC, UFS 등)을 내놓고 있으며 특히 RF(무선), 센서, 메모리, 컨트롤러 등 다양한 반도체 소자를 단일 칩 패키지로 구성한 SiP(system in package) 분야에 높은 기술력을 보유하고 있다.

자사 제품을 갖는다는 것은 패키지 설계기술을 보유하고 있다는 것이다. 바른전자는 자체 연구소를 통해 다양한 메모리, 시스템 반도체 제품을 직접 기획·개발·생산하고 있으며 이를 소비자에게 직접 판매하거나, 제조자 개발방식(ODM)으로 글로벌 유통기업에 공급하기도 한다. 인터넷에 '바른전자', 혹은 '바른플래시'를 검색하면 다양한 제품이 쏟아져 나온다. 이런 측면에서 바른전자는 제품기업, 종합 패키징 하우스로 불리기를 희망한다.

패키지를 위해서는 당연히 웨이퍼가 필요하다. 전공정에서 생산된 웨이퍼는 패키지가 됨으로써 비로소 생명을 얻는 것이다. 따라서 메모리든, 시스템이든, 그 어떤 목적으로 만들어진 웨이퍼도 반드시 패키징 단계를 거친다. 아래는 웨이퍼로부터 얻어지는 다양한 제품들이다. 낸드 웨이퍼는 낸드 제품으로, D램 웨이퍼는 다양한 D램 제품으로 만들어진다.

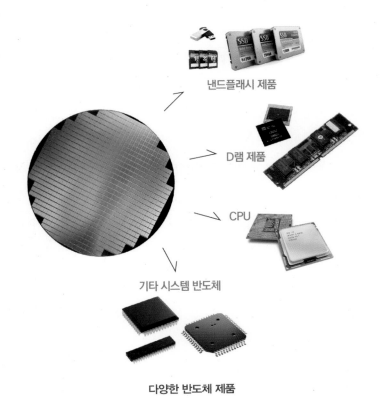

낸드플래시 제품

D램 제품

CPU

기타 시스템 반도체

다양한 반도체 제품

2. 패키징 공정

반도체 산업에 종사하는 사람이라면 무어의 법칙을 잘 알고 있다. 반도체 집적회로의 성능이 18개월마다 2배로 증가한다는 것이다. 1965년에 발표된 이 법칙은 그럭저럭 지켜져 왔다.

그러나 반도체 전문가들은 10년 안에 큰 어려움이 닥치리라고 예상한다. 용량의 확장은 회로 선폭(width)의 축소를 의미하는데 미세공정이 10나노대의 벽에 부딪치며 회로간 누설전류 등 한계에 부딪치고 있기 때문이다. 실제 삼성전자의 D램 미세화 공정은 18나노 이후 눈에 띄게 느려졌다. 과거, 5~2나노 단위로 회로 선폭을 줄여오던 것이 현재는 1나노대로 축소됐다. 업계는 15나노가 D램 미세화 종착지로 보고 있다.

그러다 보니 최근 패키징 공정이 주목받고 있다. 웨이퍼 상의 다이를 절단하고, 적층하며, 와이어를 연결하는 패키지 기술의 고도화를 통해 무어의 법칙을 이어나가려는 것이다. 무어를 뛰어넘는 모어 댄 무어(more than moore)[55] 시대의 도래다. 그렇다면 새로운 핵심기술로 떠오른 패키지 기술이란 무엇일까?

이 책에서는 패키징을 8개의 핵심 공정으로 나눠 설명하고자 한다. 〈 1)웨이퍼 연마 → 2)웨이퍼 절단 → 3)다이 어태치 → 4)전선 연결 → 5)몰딩 → 6)낱개 분리 → 7)마킹·라벨링 → 8)테스트 〉의 8개 단계이며

---

55) **모어 댄 무어(more than moore):** 한계에 부딪친 '무어의 법칙' 이후에 전개될 새로운 법칙을 말한다. 반도체 미세회로 공정으로 집적도를 높인 기존 방식과 달리 패키지 설계, 공정혁신 등으로 이론을 연장시키겠다는 것 등이 포함된다.

흐름표로 보면 다음과 같다.

패키징 공정 8단계

흐름표에서 보면 3)다이 어태치와 4)전선 연결 공정은 반복하는 것으로 되어 있는데 일반적으로 패키지는 다이 하나로 구성되나 고용량을 만들기 위해서는 다이를 여러 겹 쌓아 올리게 된다. 이를 적층(stack)이라고 하며, 기판에 다이를 하나 올려놓고 전선 연결을 한 후, 또다시 다이를 하나 더 올려놓고 전선 연결을 하는 방식이 된다.

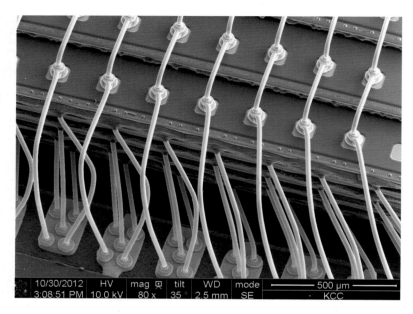

고배율 현미경으로 본 칩스택. 겹겹이 쌓여진 다이에 와이어가 연결되었다.

시중에 많이 판매되는 마이크로 SD카드를 보면 4G, 8G, 16G, 32G, 등 여러 제품이 있으며 2016년에는 256G 제품도 출시되었다. 4G란 4기가바이트(GB)라는 뜻인데, 최근 웨이퍼의 경우, 32Gb(32기가 비트, 즉 4GB)가 주류를 이루고 있으므로 다이 1개로도 4G 카드를 만들 수 있다. 같은 셈으로 계산하면 8G를 만들기 위해서는 다이 2개, 16G를 위해서는 다이 4개를 적층해야 한다. 이렇게 여러 단을 적층하게 되면 와이어를 연결할 공간이 좁아지며, 수지 밀봉에도 많은 어려움이 따른다. 따라서 패키지 기업의 기술력은 어찌 보면 적층 효율에 달려 있다고도 볼 수 있다. 지금부터 각 공정별 작업 내용을 알아보자.

1) 웨이퍼 연마

연마(grinding)란 "얇고 균일하게 갈아내는 것"을 말한다. 패키징에서의 연마란 웨이퍼를 종잇장보다 얇은 두께로 깨지거나 금이 가지 않게 갈아내는 것으로 정밀한 장비와 숙련공의 노련한 기술이 필요하다. 이 웨이퍼를 연마하기 위한 장비 이름을 그라인딩(back side grinding, BSG) 장비라 하며 패키징 장비 중 가장 고가의 장비이다. 그렇다면 왜 이렇게 얇게 갈아내는 것일까? 앞서 적층에 대해 설명했지만 고용량 제품, 다양한 메모리 제품군의 적층을 고려한 것이다.

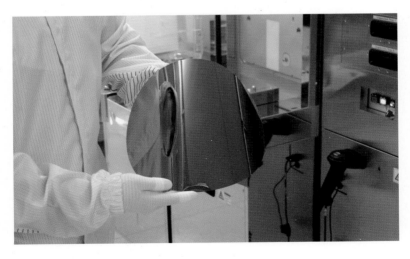

BSG 작업을 통해 연마된 웨이퍼

웨이퍼 연마 중에는 웨이퍼의 앞면(회로가 인쇄된)을 보호하기 위한 테이프를 사용하는데 이를 '백 그라인딩 테이프(back grinding tape)'라고 한다. 일반인의 시각으로 보면 테이프라기보다 얇은 필름으로 테이프와 필름이란 이름이 혼용되고 있다.

팹 아웃된 웨이퍼의 두께는 8인치의 경우 725마이크로미터(μm), 12인치의 경우 775μm 정도이다. 가장 보편적으로 많이 사용되는 마이크로 SD카드의 규격은 800μm로, 기판을 제외한 칩이 수용할 수 있는 두께는 통상 500~600μm 수준이다. 이 두께 안에 여러 칩을 적층하기 위해서는 칩 수에 따라 웨이퍼 연마가 필요한데, 통상 1칩은 200μm, 4칩은 60μm, 16칩은 20μm 수준까지 후면 연마를 진행한다. 사람 머리카락이 70μm이니 정말 백지장처럼 얇은 두께이다.

2) 웨이퍼 절단

웨이퍼에는 수백 개의 다이가 바둑판 모양으로 촘촘히 들어있고 각 다이는 경계선(scribe line)을 두고 구별된다. 웨이퍼 절단이란 이 절단선을 따라 웨이퍼를 절단하여 다이를 낱개로 분리하는 작업이다.

연마를 마친 웨이퍼는 깨지거나 금이 가기 쉽다. 다이에 손상을 주지 않고 분리하기 위해 세심한 주의가 필요하며, 다이아몬드로 된 톱이나 레이저 광선을 사용한다. 웨이퍼 절단 작업은 톱질한다는 의미에서 '웨이퍼 소잉(wafer sawing)' 혹은 다이를 분리한다는 의미에서 '다이싱(dicing)'이라고도 한다.

웨이퍼 절단 작업 중에 다이의 오염을 막고 분리된 다이가 낱개로 흩어지는 것을 막기 위해 미리 다이싱 테이프를 붙여 놓으며 일체형 다이 접착 필름[56]을 많이 사용한다.

다이아몬드 톱 및 레이저를 사용한 웨이퍼 절단

여기서 의문! 반도체가 모두 사각형인 이유는 뭘까? 웨이퍼가 둥그니 둥근 반도체, 멋지게 균형 잡힌 육각형의 반도체도 만들 수 있지 않을까? 만들 수 있다. 하지만 비용이 만만치 않을 것이다. 앞서 둥근 웨이퍼가 낭비되는 문제도 있지만 회전운동의 공정 특성상 그렇다 했는데 사각의 반도체도 완전히 같다.

사각형은 가로 세로 방향으로만 자르기 때문에 공정이 극히 단순하며 리스크가 적다. 또한 격자모양의 사각형 패턴은 버리는 부분, 즉 데드 스페이스(dead space)가 거의 제로에 가깝기 때문에 원가 절감이 가능하다.

---

56) **다이 접착 필름(die attach film, DAF):** 웨이퍼 상의 개별 크기로 절단한 다이를 적층하거나, 리드프레임, 기판 등에 접착시키는 다이 본딩 공정에 사용되는 접착 필름을 말한다.

네모는 다른 어떤 도형보다 효율이 가장 높은 구조이다.

3) 다이 어태치

절단된 웨이퍼 상의 다이를 리드 프레임(lead frame) 혹은 PCB(printed circuit board, 인쇄회로기판. 광범위하게 사용되는 PCB와 구분하기 위해 '반도체 PCB'라 부른다) 기판 위에 옮기는 작업이다. 앞서의 공정을 마친 다이는 매우 얇아 버팀대 구실을 하는 지지대가 필요하다. 또한 다양한 기기의 주기판('메인보드'라고도 한다)과 전기신호를 주고받을 통로도 필요하다. 이러한 역할을 해주는 것이 리드 프레임 혹은 반도체 PCB이다.

다이 어태치(die attach). 웨이퍼의 낱개 칩을 기판에 옮겨 붙인다.

리드 프레임은 구리 등을 주원료로 만든 금속기판이다. 다이와 외부 회로를 연결시켜 주는 전선(lead) 역할과 반도체 패키지를 전자회로 기판에 고정시켜 주는 버팀대(frame) 역할을 동시에 수행한다. 앞서 반도체를 설명하며 '지네 다리'라는 표현을 써왔는데 다음 리드 프레임 사진을 통해 여러 개의 지네 다리(?)가 확인될 것이다.

리드 프레임(DIP타입). 우측은 패키지 단면도이다(사진제공: PSMC).

리드 프레임이 동일한 크기에서 집적도를 높이려면 리드(다리) 수가 많아야 하기 때문에 리드 프레임의 기술 수준은 얼마나 좁은 면적에 얼마나 많은 수의 리드를 정밀하게 만드느냐에 달려 있다. 리드 프레임은 리드의 모양과 수에 따라 다양한 종류가 있다. 다음 단락(4. 표면실장)에서 자세히 설명할 것이다.

웨이퍼로부터 분리된 다이는 흩어지는 것을 막기 위해서 다이 접착 테이프(DAF)가 붙어있다. 앞서 설명한 바 있다. 특히 테이프에서 다이를 하나하나 떼어낼 때 자외선을 쬐어 테이프의 접착력을 약화시키는데 이는 기판 위에 얹기만 하면 저절로 접착하기 위함이다.

4) 전선 연결
뉴스에서 반도체 소식을 전할 때, 기판 위에 올려진 칩들 사이로 설비가 빠르게 움직이며 선을 연결하는 장면을 본 적이 있을 것이다. 이 장면이 바로 전선 연결(wire bonding) 공정이다.

전선 연결 공정은 칩 마운트 공정에서 기판 위에 올려진 다이의 접점과 기판의 접점을 가는 금선을 사용하여 연결하는 공정이다. 최근 비용 절감을 위해 은이나 합금 전선도 많이 사용한다. 전선 연결은 사용하는 기판에 따라 접점이 다르다. 리드 프레임인 경우 칩과 리드의 접점 간, PCB인 경우 칩과 PCB 접점을 연결하게 된다.

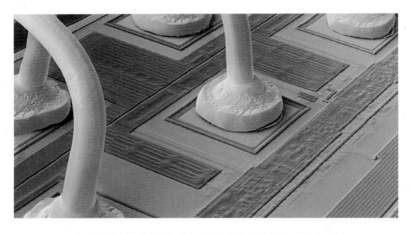

와이어 연결 확대 사진. 네모난 칸(패드)이 다이의 접착점이다.

다음 왼쪽 사진은 와이어를 연결하는 모습이다. 캐필러리(capillary)[57]가

---

57) 캐필러리(capillary, 모세관): 세라믹 툴 내에 주사바늘처럼 미세한 관이 있는데 그 속으로 와이어가 이동하며 본딩이 이루어진다.

눈에 보이지 않을 정도로 빨리 이동하며 와이어를 연결하고 끊는다. 우측 사진은 본딩 작업에 사용되는 와이어이다. 와이어 본딩은 수십 마이크로미터(μm) 수준의 미세한 공정으로 작은 오차가 있어도 불량의 원인이 된다.

와이어 본딩과 본딩 와이어

한편 빠른 속도를 필요로 하는 반도체 칩의 경우에는 전선에서 일어나는 신호 지연 현상을 줄이기 위해 전선 대신 다이 표면에 직접 전극이 되는 범프(bump, 돌기)를 형성하고 기판에 직접 실장한다. 이러한 패키징 방식을 '플립 칩(flip chip)'이라 하는데 flip은 "홱 뒤집다"는 뜻이다.

일반적인 패키지는 기판 위에 다이를 회로가 인쇄된 면을 위로 하여

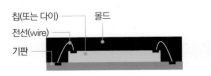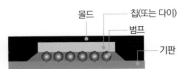

와이어 방식과 플립 칩 방식

와이어를 연결하는 방식이지만 플립 칩은 다이(die) 표면에 솔더 볼 등의 범프를 형성하고 패드 부분이 기판과 마주 보게 한 후 직접 융착하는 방식이다. 신호처리가 매우 빨라지고 접점도 여러 개 만들 수 있다.

다이 표면에 범프를 형상하는 과정을 범핑(bumping)이라 하며 다음 단락(3. 반도체 패키지의 종류)에서 자세히 설명할 것이다. 플립 칩은 1960년대 IBM에 의해 소개되었고, 특정한 패키지 타입이나 이름을 나타내는 것이 아니라 칩과 기판을 융합시키는 방식을 말한다.

패키지가 끝난 칩은 주기판에 실장하게 된다. 리드 프레임(아래 그림 좌측)의 경우 리드를 전기 연결 통로로 사용하지만 반도체 PCB(아래 그림 우측)의 경우에는 접점을 볼(솔더 볼)[58]로 처리하는 BGA(ball grid array) 방식을 사용한다. 칩 실장기술은 이어지는 단락(4. 표면실장)에서 보충 설명한다.

리드 프레임과 BGA 방식

---

58) **솔더(볼)(solder, solder ball):** 구리와 주석을 합금해 만든 땜납. 솔더 볼은 납 알갱이를 말한다. 전자부품의 가장 유효한 접합재료로 사용된다.

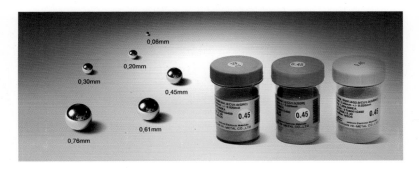

다양한 크기의 솔더 볼(사진제공: 덕산하이메탈)

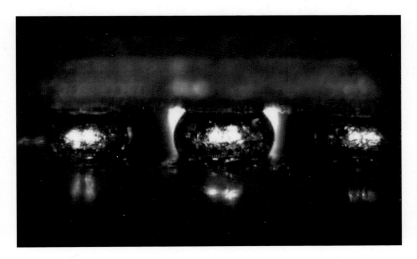

솔더 볼 확대 사진. 고온으로 기판에 융착되어 있다.

5) 몰딩

반도체를 밀봉하는 과정이다. 이 공정을 거치면 검은 플라스틱 몸체, 즉 우리가 흔히 보는 반도체의 모양이 된다. 전선 연결까지 끝난 상태에

서 형틀, 즉 금형 속에 집어 넣고 에폭시 수지(epoxy resin)를 녹여 부은
후 굳히면 된다. 이 때 에폭시 수지가 흘러 들어가며 전선을 끊거나 헝클
어버릴 수도 있고 빈 공간(void)이 생길 수도 있다. 모두 불량의 요소이다.

수지는 일반적으로 원통 막대 형태의 재료를 녹인 후 형틀에 부어서
사용하나 고도의 정밀을 요하는 경우에는 가루 형태로 형틀에 채워 넣
은 후 녹이기도 한다.

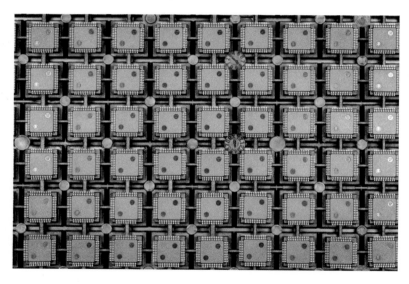

몰드가 끝난 칩. 하나 하나가 반도체 제품이다.

한편 반도체는 꼭 검정색이어야 할까? 반도체를 검정색으로 만드는
것은 열 방출 혹은 밝은 색을 사용할 경우 얼룩이나 색감의 차이 등의
불량이 생기기 때문이다. 그래서 대부분의 사출물도 검정색이 많다. 하

지만 불량은 제조사가 극복해야 할 몫이다. 제조사의 편의 때문에 소비자의 취향을 무시할 수는 없다. 바른전자는 업계 최초로 빨강, 노랑, 파란색의 각종 메모리 제품을 생산하고 있다.

다양한 컬러의 마이크로 SD카드

6) 낱개 분리

반도체 패키지는 공정 효율을 높이기 위해 수십 개의 칩을 하나의 기판에 올려 한꺼번에 제작하게 된다. 낱개 분리 공정은 한꺼번에 제작된 칩을 낱개로 끊어내는 공정이다. 비교적 간단한 공정으로 다이아몬드 톱으로 잘라내면 된다.

7) 마킹, 라벨링

몰딩이 끝난 칩 표면에 제품명이나 고유번호, 원산지, 제조기업의 마크 등을 인쇄하는 공정이다. 인쇄는 목적에 맞춰 실크스크린 인쇄 및 레이저 인쇄를 사용하며 소비자의 식별 및 제품의 생산 이력을 추적하기 위해 필요하다.

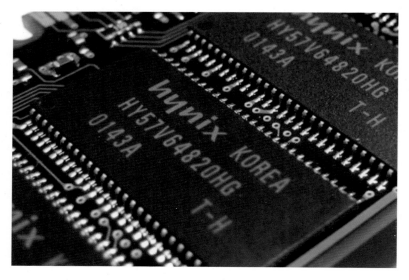

칩 마킹(SK하이닉스 SD램)(출처: Wikimedia Commons)

8) 패키지 테스트

제조의 마무리는 역시 테스트이다. 특히 패키지 테스트는 반도체의 최종 모습을 갖추고 진행되므로 반도체 제조의 최종 관문(final test)이라고도 말할 수 있다. 이 테스트 공정에서 양품과 불량이 구분되며, 양품에는 반도체 제품의 요구 특성에 맞게 펌웨어[59) 또는 테스트 프로그램을 심으면 테스트가 끝나고 완성된 칩은 반도체 기업을 떠나 표면실장 (surface mounting) 전문기업 등에 넘어간다.

신제품은 보다 엄격한 조건 하에서 테스트가 이루어지는데, 극한 조건의 스트레스(고온, 고전압, 강한 신호 등) 환경에 노출시켜 제품의 내구성을 판단하는 번인(burn-in) 테스트를 한다. 특히 표면실장 제품의 경우 PCB의 고온을 감당해야 하므로 번인 테스트는 필수이다.

반도체 제조기업은 테스트 핸들러(test handler)를 보유하고 있다. 칩 혹은 패키지가 끝난 제품을 주 검사장비에 이송, 분류해주는 장비이다. 이때의 검사는 전기적 특성 검사이다.

봄철 모종판에 씨앗을 뿌리면 서로 다른 새싹들이 올라오는데 건강한 것과 그렇지 않은 것을 나눌 수 있다. 테스트 핸들러 또한 로봇들이 실새 없이 팔을 움직여 격자무늬 판(모종판?)에 칩을 옮겨놓으면 바로 옆 모니터의 결과가 표시되고 양품과 불량품이 자동으로 나뉜다.

---

59) **펌웨어(firmware):** 일반 응용 소프트웨어와 구분되는 하드웨어적인 소프트웨어를 말한다. 해당 프로그램이 저장된 기억장치를 하드웨어의 중심 부분으로 구성한다. 하드웨어에 심어진 운영 프로그램이라 생각해도 무방하다.

테스트 핸들러. 주검사장치를 통해 양품과 불량을 가려낸다.

패키지의 목적이 반도체를 외부환경으로부터 보호하는 것이라면 특히 문제되는 요소가 수분이다. 패키징 완료 후 반도체는 저장, 운송 과정을 거치게 되는데 당연히 대기 중에 수분을 흡수한다. 흡수된 수분은 EMC(epoxy molding compound) 수지 깊숙하게 침투하여 여러 불량의 원인이 될 수 있다. 하지만 수분 흡수를 원천적으로 막을 수는 없으므로 패키징 업체는 자사가 생산한 패키지가 얼마나 수분 저항성을 가졌는지 그 레벨을 고객에게 제시해야 한다. JEDEC[60]에서는 패키지의 수분 흡수에 따른 불량 발생 정도를 평가하기 위한 기준(moisture sensitivity

---

60) JEDEC(Joint Electron Device Engineering Council): 국제 반도체 표준 협의기구. 반도체 IC 및 전자장치의 통일 규격을 심의, 책정하는 기구.

level, MSL)을 제시하고 있다. 다음의 표는 JEDEC이 제시한 레벨이다.

LEVEL	Standard soak requirements		Floor life	
	Condition	Time (hours)	Condition	Time (hours)
1	83℃ / 85% RH	168	≤ 30℃ / 85% RH	unlimited
2	83℃ / 60% RH	168	≤ 30℃ / 60% RH	1 year
2a	30℃ / 60% RH	696	≤ 30℃ / 60% RH	4 weeks
3	30℃ / 60% RH	192	≤ 30℃ / 60% RH	168 hours
4	30℃ / 60% RH	96	≤ 30℃ / 60% RH	72 hours
5	30℃ / 60% RH	72	≤ 30℃ / 60% RH	48 hours
5a	30℃ / 60% RH	48	≤ 30℃ / 60% RH	24 hours
6	30℃ / 60% RH	6	≤ 30℃ / 60% RH	6 hours

JEDEC 제시 moisture sensitivity 레벨

지금까지 후공정 8단계를 모두 살펴보았다. 패키지 공정을 요약하면, 웨이퍼를 얇게 그라인딩해서, 전기적 신호연결을 하고, 얇은 몰드 캡을 씌우는 일련의 과정이다. 물론 용도에 맞는 맞춤 포장이어야 한다. 팹 공정에 비해 비교적 단순공정으로 여겨졌던 반도체 패키지는 다양한 스마트 기기의 출현과 보다 작고, 가벼움을 추구하는 시장 요구에 따라 중요성이 날로 높아지고 있으며 특히 미세 공정의 한계를 극복하는 또 다른 대안으로 각광받고 있다.

다음은 패키지 종류를 설명할 것이다. 후공정은 다양한 패키지 조립을 통해 여러 쓰임새가 결정되는데 패키지 종류가 워낙 많다 보니 마지막 단락에 별도 정리하였다.

3. 반도체 패키지의 종류

반도체 패키지는 응용분야에서 요구하는 조건에 따라 다양한 패키지 방법이 등장한다. 한편 어떤 응용분야든 간에 패키지 크기는 경박단소 (lighter, thinner, shorter, smaller)를 기본으로 저전력, 빠른 신호 전달, 효율적인 열 방출 기술이 요구되며 가격 경쟁력 또한 높아야 한다.

이러한 요구를 반영하여 업계에서는 반도체 칩과 거의 같은 사이즈로 구현한 CSP(chip size package)가 대세가 되었고 이를 뛰어넘어 칩을 쌓아 올리거나, 패키지 위에 패키지를 얹는 PoP(package on package) 방법까지도 개발되었다. 패키지 종류는 매우 다양하여 세분하면 2백여 가지가 넘는다. 이 절에서는 자주 사용하는 용어 중심으로 패키지를 소개하도록 한다.

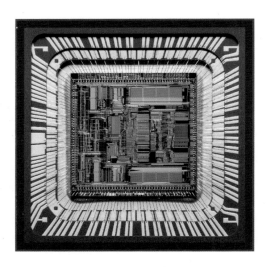

CPU 패키지 내부 모습(출처: Wikimedia Commons)

1) WLP, WLCSP, bumping

반도체 패키징은 전통적 후공정 기업의 몫이다. 하지만 패키지 기술이 고도화되며 웨이퍼 단계에서 구현한 패키지가 등장했는데 바로 WLP(wafer-lever packaging)이다. 패키지를 만들기 위해 후공정에서 배웠듯이 웨이퍼를 절단하여 낱개의 다이로 만들어 이를 기판 위에 올리고 전선을 연결한다. 그런데 WLP는 기판 없이 웨이퍼 상에 보호막을 입힌 후 회로 및 접점을 그려 넣어 솔더 볼 등을 붙이고 개별 다이를 절단하는 방식이다. 웨이퍼를 통째로 가공하는 것이다.

범핑(bumping)은 범프를 형성하는 과정이다. 범프(bump)는 '혹', '돌기'라는 뜻으로 웨이퍼 범핑(wafer bumping)이란 웨이퍼 회로 위에 수백~수천 개의 돌기(bump)를 형성하는 과정이다. 이들 범프가 칩에 전류를 흐르게 한다. 즉 와이어(wire) 없이도 PCB와 신호를 주고받는 역할을 하는 것이다. 범프의 재료로는 골드, 솔더, 카파 필라(cu pillar) 등이 사용된다.

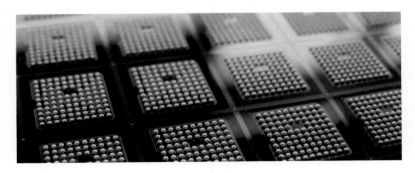

웨이퍼 범핑. 솔더 볼이 촘촘이 올려져 있다.

웨이퍼 범핑은 노광, 증착(도금) 등의 팹 공정을 거친다. 따라서 작업 환경도 까다롭다. 한편 팹공정은 나노미터(nm) 수준이다. 반면 범핑은 마이크로미터(μm, 범프 지름 보통 150μm) 수준을 컨트롤하므로 정밀 도가 다르다. 범핑은 패키지의 경박단소화, 비용절감, 고용량, 고집적화 등의 추세로 최근 D램으로부터 AP, DDI, 이미지 센서, 전력관리 칩 등 적용범위가 점점 확대되고 있다.

WLCSP(wafer level chip scale package)는 웨이퍼 레벨에서 구현 한 칩 크기의 패키지를 말한다. 통상 칩 크기가 기판 크기의 120% 이 내로 기준이 확실하게 정해져 있는 것은 아니다. 패키지 크기가 작아지 면 기기의 소형화, 방열 등에서 여러 이점이 있어 차세대 패키지 기술로 각광 받고 있다.

2) DDP, QDP

초기의 반도체 패키지에는 한 개의 다이만 들어갔다. 그러나 용량을 늘리기 위해 여러 개의 다이를 쌓는 적층 공법이 사용되었다. 2개의 다 이를 적층한 패키지를 DDP라고 하는데 'dual die package'의 약자이다. 4개의 다이를 적층한 패키지는 QDP라고 하며 'quad die package' 이다. 요즘은 16단, 32단 스택 제품도 등장했는데 용어가 미처 따라가지 못하 고 있다.

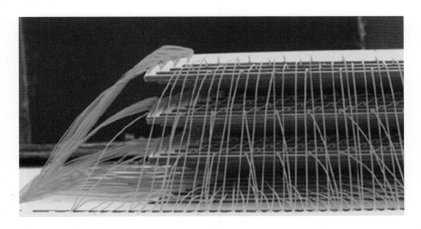

32단 128GB 제품(32GbX32)

3) MCP, SiP, SoP

더 작게! 더 얇게! 더 가볍게! 하지만 성능은 더욱 뛰어나게! 어찌 보면 모순(?)되는 시장의 요구는 반도체 칩에도 많은 영향을 끼쳤다. 스마트 기기의 협소한 내부 공간에서도 여러 기능을 수행할 수 있는 다재다능한 반도체 칩이 필요해진 것이다. 이에 패키지 업체들은 반도체를 쌓아 올리기 시작했다. 다양한 칩을 섞어 놓기도 했다. 좁다란 공간에 개성이 다른 여러 사람이 생활하기 위한 복합공간을 만든 것이다.

SiP는 'system in package'이다. 패키지 안에 시스템이 있다는 뜻이다. 시스템이란 어떤 목적을 달성하기 위해 여러 부품, 소자 등을 유기적으로 묶어놓은 것을 말한다. 컴퓨터 공학에서 시스템이 되기 위해서는 CPU와 프로그램이 필요하다. 그런 의미에서 SiP는 CPU와 프로그램이 함께 들어간 패키지라고 해석할 수 있다. 그런데 조그만 반도체 패키지 안에 커다란 CPU를 넣을 수 없으니 마이크로프로세서(MPU)를 사용한다. 하지만 그 역할은 CPU와 진배없다.

아래 사진은 애플 워치이다. 다양한 IC칩 및 소자를 하나로 묶어 패키징한 SiP(system in package) 'S1'이 핵심 부품이다. 애플이 애플워치에 SiP 패키징 칩을 탑재한 이유는 각각의 칩이 차지하는 면적을 최소한으로 줄이기 위해서다. 패키지 사이즈는 가로 26mm, 세로 28mm에 불과하다.

애플워치 SiP. AP 포함 30여 종의 개별 칩이 탑재되었다.

MCP는 'multi chip package'이다. 앞에서 설명한 DDP, QDP도 멀티 칩에 해당되지만 MCP는 주로 성질이 다른 칩의 적층을 말한다. 가장 전형적인 MCP는 낸드 플래시와 D램이 함께 들어간 것이다. 각기 다른, 다양한 역할의 칩을 함께 넣어 실장 공간과 비용을 절약할 수 있게 되었다.

최근에는 소자 안에 컨트롤러까지 내장한 eMCP(embedded multi chip package)가 모바일 기기용 메모리로 많이 사용되고 있다.

멀티 칩 패키지. 상단 D램, 하단 낸드 등 다양한 조합이 가능하다.

SoP는 'system on package'로 SiP와 거의 같은 뜻으로 쓰이나 SiP보다 조금 더 복잡한 패키지를 의미하는 경우가 많다. 패키지 내부에 무선통신 기능을 넣거나 저항, 커패시터 등의 수동소자를 넣어 배선을 간단히 하고, 전송 속도를 높이며, 전자파 장애를 줄이는 등 복합화의 이점을 살린 패키지이다. SoP는 인텔에서 처음 개발하여 사용하였다.

바른전자의 주력 제품인 다양한 메모리 카드, USB 메모리, eMMC 등은 모두 낸드 칩과, 컨트롤러가 들어가 있으며 프로그램인 펌웨어가

내장되어 있으므로 SiP로 분류하고 있다.

4) PoP, PiP

PoP는 'package on package'의 약자로 패키지 위에 패키지를 쌓은 구조이다. 일반적으로 상단에 올라가는 패키지는 다른 공장에서 제작하여 테스트가 끝난 완제품을 사용한다. 즉 메모리를 외부에서 납품받아 상단에 올리고, 하단에는 목적에 맞게 제작한 주문형 반도체(ASIC) 패키지가 놓이게 된다. 이미 완성된 상단 칩을 사용함으로써 하단 칩에만 집중할 수 있는 장점이 있다. 제조 공정도 간단해지고 수율도 높아질 수 있다.

PiP는 'package in package'의 약자이다. 패키지 안에 패키지를 넣었다는 의미인데, PoP와 유사하지만 상하단을 하나로 몰딩하여 완전히 일체화시킨 패키지이다. PoP에서 상하단을 솔더 볼로 연결하여 틈새가 있지만 PiP에서는 완전 밀봉하므로 틈새가 없다. 또 PoP에서는 솔더 볼을 사용하기 위해 상단 칩의 아랫면을 하단과 붙이지만, PiP에서는 윗면을 하단 칩과 붙이는 방식을 사용하고 전기적 연결은 전선 연결 방식을 사용한다.

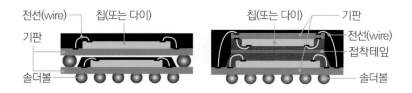

POP와 PiP

5) SoC

반도체는 크게 저장기능의 메모리 반도체와 연산기능의 시스템 반도체로 나뉜다. 1990년대까지만 해도 이들 제품은 상대 영역을 넘보지 않으며 독자적인 시장을 형성해 왔다. 하지만 2000년대에 들어서면서 IT 제품의 휴대성이 강화되며 경박단소한 제품이 대세가 되었고 영역 파괴가 이루어졌다.

SoC는 'system on chip' 이다. 직역하면 '칩 위에 시스템'이란 뜻인데 올바른 해석은 '단일 칩 시스템', 즉 단일 칩에 모든 기능이 집적된 IC라고 보는 것이 맞을 것이다. 대표적인 제품은 AP이다. 연산, 제어, 멀티미디어, 입출력 등 기술이 단일 칩 공간 내 집적돼 있다.

앞서 설명한 대로, 시스템이라 함은 통상 마더보드 위에 CPU가 있고 메모리도 있어 독립적인 기능을 하는 장치를 말한다. SoC는 이 마더보드를 손톱만한 개별 칩에 구현한 것이다. 즉 SoC는 '기능'과 '크기'라는 두 마리 토끼를 모두 잡은 것이다. 반도체가 탄생해 수십 년간 지속된 '한 개의 반도체, 한 개의 기능'이라는 등식을 깨고 '한 개의 반도체, 여러 개의 기능'이라는 시대를 열고 있는 셈이다.

4. 표면실장

우리나라 스마트폰 보급율이 91%(KT경제경영연구소, '2016)에 달한다. 세계 평균의 두 배에 가깝다. 5세 미만 영유아, 80세 이상 고령자를 제외하면 국민 모두가 1대씩 보유하고 있는 셈이다. 스마트폰은 소통의 창이며 만능 엔터테이너이다. 전화 통화, 인터넷, MMS는 물론 MP3, 동영상, 게임 등 못하는 것이 없다. 산업혁명이 해가 지지 않는 영국을 만들었다면 스마트폰은 꺼지지 않는 PC 시대를 만들었다.

스마트폰을 뜯어보면 녹색 회로기판에 수많은 부품·소자(surface mounted components, SMC)가 촘촘히 박혀있는 모습을 볼 수 있다. 큼지막한 반도체와 저항, 콘덴서 등 종류도 다양하다. 패키지가 끝난 칩은 다양한 전자기기의 핵심 부품으로서 PCB('주기판' 혹은 '마더보드')에 실장된다. PCB란 회로설계를 근거로 여러 개의 부품을 배치하고, 기계적으로 고정하며, 서로 전기적으로 연결해 주는 역할을 한다. 이러한 기판에 각종 소자를 탑재하는데 이를 '표면실장(surface mounting)'이라 하며 관련된 기술을 '표면실장 기술(surface mount technology, SMT)'이라 한다.

PCB 표면실장(surface mount)과 리드(lead) 납땜 확대 사진

표면실장 기술은 1960년대 개발되었다. PCB 표면에 다양한 부품을 납땜하는 방식이다. 접착제(solder paste)를 도포하고, 부품을 탑재하고, 자동으로 경화시켜주는 장비가 SMT 장비이다. SMT 기술은 기판 표면에 구멍을 뚫어 리드(lead)를 반대쪽에서 납땜하는 방식인 삽입실장기술

(insert mounting technology, IMT)을 대체하며 발전하였다. IMT방식은 천공과정을 거쳐 생산비가 높고 특히 기판의 한쪽 면만 사용할 수 밖에 없다. 반면 SMT방식은 양면 사용은 물론 오밀조밀한 회로설계로 기판의 크기도 크게 줄였다. SMT는 제조기반기술이자, 공학기술로서 가전기기부터 반도체, 첨단컴퓨터, 통신·군사기기, 우주항공산업 등 거의 모든 전자제품 조립의 핵심이다. 특히 초박형·소형화·고집적 기술의 한계를 뛰어넘으려는 다양한 스마트 제품에 꼭 필요한 기술이다.

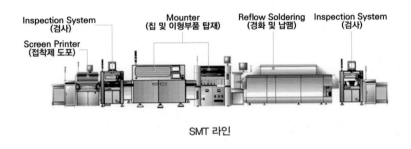

SMT 라인

반도체 SMT 기술은 크게 POB(package on board)와 COB(chip on board)로 나뉜다. 회로가 인쇄된 PCB기판 위에 칩을 직접 얹는 것을 COB, 패키징된 칩을 PCB 위에 올리는 것을 POB라 한다. 바른전자의 각종 메모리 카드는 COB제품으로 패키징이 끝나면 곧바로 출고되어 판매된다.

1) SOP, TSOP

일반적으로 반도체라 하면 손톱만한 직사각형에 지네 다리가 촘촘히 박힌 모습을 상상한다. 지네 다리 즉, 리드는 PCB기판과의 접점이며 전기신호의 통로인데 모양새에 따라 여러 종류로 나뉜다. SOP는 'small outline package'로 아래 그림과 같이 패키지 양쪽에 두 방향으로 갈매기 날개(gull-wing, 'L'자) 모양의 리드 핀이 있는 패키지를 말한다. 가장 대표적 표면실장형 타입으로 최초의 반도체는 대부분 SOP였다. 리드 피치는 1.27mm(50mil)이며 리드는 8~44개이다.

TSOP는 'thin SOP'이다. SOP와 비교하여, 두께를 더욱 줄이고 리드 수를 늘린 것이다. 패키지 두께와 리드피치가 1.27mm 이하인 SOP이다. 아래 우측 사진이 TSOP이다. 데스크탑 PC에는 아직도 SOP를 사용하지만, 노트북 PC에는 이보다 작은 TSOP를 사용한다.

SOP 제품

2) QFP, QFN, QFJ

QFP(quad flat package)는 패키지 측면 4방향에 갈매기 날개 리드 핀이 있는 패키지를 말한다. 리드 피치는 1.0/0.8/0.65/0.5/0.4/0.3mm까지 가능하며, 0.65mm는 232pin, 0.5mm는 304pin까지 있다. 두께에 따라 파생된 타입이 다양하다.

QFN(quad flat no lead)은 리드가 없다. QFP와 비슷하나 리드가 밖으로 나와 있지 않고 밑면 네 변에 전극 패드로 대체했다. QFP에 비해 실장 면적이 작으며 고밀도화가 가능하다. QFN 방식은 반도체 패키징 중 가장 저렴하면서도 지속적으로 사용되는 패키징 방식이다.

한편 J자형 리드가 있는 것을 QFJ(quad flat J leaded package)라고 하는데 리드 피치는 1.27mm(50mil)이다.

QFP, QFN, QFJ 제품

3) DIP, SIP, ZIP

삽입형(IMT) 제품이다. 실장 밀도가 제한된다. DIP(dual in-line package)는 긴 변의 양쪽 아래 방향으로 리드가 나와 있고, 리드 피치는 2.54mm(100mil)이다. SIP(single in-line package)는 패키지 한쪽에만 리드가 일렬 수직으로 배치되어 있다. 다음의 그림에서 가운데 빗 모양이 SIP 타입이다. ZIP(zigzag in-line package)는 SIP와 같이 한쪽에 리드가 나와 있지만 리드가 지그재그로 구부려져 있다. 리드 피치는 1.27mm(50mil)이다.

DIP, SIP, ZIP제품

4) BGA, PGA, LGA

앞서 반도체의 지네 다리, 즉 리드(lead) 대신에 납땜 볼(솔더 볼)을 사용하는 것을 BGA(ball grid array) 타입이라 했다. 풀어 쓰면 '격자모양 (grid) 볼 배열'이 될 것이다. 한때 CPU의 뒷면은 PGA(pin grid array)라고 하여 접점으로 못(pin)을 사용한 적이 있다. BGA는 PGA에서 유래된 것으로 핀이 땜납 볼로 대체된 것이다. 'grid'는 접점의 한 면 혹은 전체 면이 격자모양으로 되어 있기 때문에 붙여진 이름이다.

BGA는 집적회로의 접점이 많을 경우 반도체 크기가 커지는 문제를 최소화시킨 방식이다. 주로 200핀을 넘는 다핀 LSI용 패키지로 활용된다. BGA는 전기적 접촉점이 매우 짧기 때문에 인덕턴스(inductance)[61]가 감소된다. 불필요한 신호의 왜곡을 방지해 전기적 성능이 우수하다. 특히 기판과 패키지 사이에 열전도율이 좋아 칩의 과열을 방지할 수 있다. 단점이 있다면 소위 '붙박이(땜납)' 구조라 보수나 교환이 어렵다는 것이다.

---

61) 인덕턴스(inductance): 회로의 전류 변화에 대한 전자기 유도에 의해 생기는 역(逆)기전력의 비율을 나타내는 양으로 단위는 H(헨리)이다.

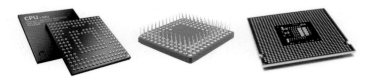

BGA, PGA, LGA

LGA는 'land grid array' 이다. BGA와 유사하나 솔더 볼 대신 도금 처리된 납작한 구리 패드가 쭉 배열되어 있다. 주로 CPU 뒷면에 많이 채택하고 있으며, 누름 장치로 소켓과 접착하거나 주기판 쪽 솔더 볼에 땜질하게 된다.

이상 패키지의 종류를 살펴보았다. 패키지 종류는 실제 수백 가지가 넘지만 통상적인 패키지 방식에서 응용 혹은 파생된 것이 대부분이다. 한편 새로운 패키지 기술도 등장하고 있다. 대표적으로 TSV(through silicon via) 방식이 있는데, 반도체 칩을 수직 관통하는 비아 홀(via hole)을 형성하여 칩 사이에 전기적 신호를 전달하는 방식이다. 이어지는 〈제4장, 반도체 산업과 미래 신기술〉에서 우리는 깜짝 놀랄 만한 미래 신기술을 접하게 될 것이다.

시스템 반도체 설계

1. 설계 전문기업

2016년 전 세계 반도체 시장 매출순위를 보면 1위는 인텔, 2위는 삼성 전자이다. 1 ～ 10위까지의 순위를 보면 전통적 강자인 SK하이닉스, 도시바, 마이크론 등도 눈에 띄는데 이 중 의외의 기업이 하나 있다. 바로 퀄컴(3위)이다. 우리에게 스냅드래곤이라는 스마트폰AP로 잘 알려진 이 기업은 수조 원이 투자되는 반도체 장비 하나 없이 연간 30조 원이 넘는 매출을 올린다.

지난 2016년 반도체 업계 사상 최대의 인수합병(M&A)이 이루어졌다. 퀄컴의 네덜란드 NXP반도체 인수이다. 인수금액이 무려 470억(약 52조 원) 달러다. 퀄컴의 NXP 인수는 산업 측면에서 시사점이 크다. 반도체 핵심 트렌드가 모바일에서 자동차·사물인터넷으로 확대되고 있다는 의미다. NXP는 세계 자동차용 반도체 시장 1위 기업이다.

지금까지 반도체 제조공정을 살펴보았다. 전공정에서는 웨이퍼를, 후

공정에서는 까만 지네 다리 반도체를 얻었다. 주로 제조 관점에서 다양한 공정 장비도 소개했다. 그런데 반도체 기업은 속칭 굴뚝기업만 있는 것이 아니다. 팹리스[62]라고 부르는 수많은 반도체 회사가 있고 이들의 생산품은 시스템 반도체이다.

**인텔의 첫 마이크로 프로세서(1971). 2,300개의 트랜지스터가
탑재된 시스템 반도체이다(출처: Wikimedia Commons).**

이 절에서는 시스템 반도체를 좀 더 심도있게 볼 것이다. 시스템 반도체는 회로설계 단계가 핵심이다. 전 산업 분야, 수백만 전자제품에서 응용되는 시스템 반도체가 어떤 과정을 통해 탄생되는지 알아보면 반도체를 이해하기가 한층 수월할 것이다.

---

62) **팹리스(fabless):** 반도체 제조공정 중 하드웨어 소자의 설계와 판매만을 전문으로 하는 기업. 장비를 가지고 직접 웨이퍼를 생산하는 팹(FAB) 기업과 구별된다. 4장에서 자세히 설명한다.

2. 시스템 반도체 설계 공정

시스템 반도체의 설계는 일반적인 프로그램 제작과 비교하여 보면 쉽게 이해할 수 있다. 예를 들어 새로운 게임 타이틀을 제작하려면 우선 설계를 하고 프로그램을 짠 다음, 이를 기계어로 변환해 각종 라이브러리와 합성하여, 개별 테스트 및 통합 테스트를 하여 제대로 작동하면 CD롬에 패키지하여 출시한다. 마찬가지로 시스템 반도체도 아래 그림과 같이 7단계로 제작된다. 프로그래밍에 익숙한 독자를 위해 일반적인 프로그램 제작 단계와 비교해 놓았다. 포스트 시뮬레이션의 단계를 거쳐 마스크가 제작되면 앞에서 배운 반도체 제조공정으로 넘어간다.

시스템 반도체 제조공정(괄호는 프로그램 공정 비교)

1) C언어 프로그래밍

시스템 반도체 프로그램은 최근 C언어[63]로 많이 제작하고 있다. C언어가 고급 명령어와 기계어 수준의 명령어를 함께 제공한다는 편리성에 대해 대부분의 기술 표준이 C언어로 제작되어 있어 표준을 그대로 시스템 반도체로 구현하기에 편리하기 때문이다.

앞에서 살펴보았듯이 시스템 반도체는 프로세서류, 통신·멀티미디어·음성처리 칩, 디스플레이 구동장치, 센서 등이다. 초기 컴퓨터에서 이런 기능의 대부분은 일반 프로그램으로 제작되어 사용되었다. 그러나 컴퓨터의 할 일이 많아지고 컴퓨터끼리 복잡하게 얽혀 작업을 하다 보니 기술적으로 어렵고 정형화된 프로그램은 별도의 칩이 맡게 되었다. 이것이 시스템 반도체인 것이다.

따라서 시스템 반도체로 제작되는 프로그램은 국가적, 문화적 특수성이 거의 없다. 글로벌 마켓에서 무한경쟁을 하게 되며 글로벌 마켓을 대상으로 하는 사업 기획 및 프로그램이 필요하다. 우리가 글로벌 마켓에서 성공한 소프트웨어 프로그램을 찾아볼 수 없듯이 우리의 시스템 반도체가 글로벌 마켓에서 성공한다는 것도 매우 어려운 과제가 된다.

현재 한국이 강점을 가지고 있는 시스템 반도체는 삼성전자나 몇몇 벤

---

63) **C언어(C language):** 벨 연구소에서 1971년에 개발된 시스템 프로그래밍 언어이다. 프로그램을 간결하게 쓸 수 있고, 프로그래밍하기 쉬운 편리한 언어이다. UNIX OS의 대부분이 이 언어로 개발되었다. 한편 '프로그래밍 언어'란 컴퓨터를 작동시키기 위한 명령을 기술하는 언어이다. 일반인도 쉽게 사용할 수 있도록 만든 BASIC, 웹 사이트 제작에 사용하는 HTML, JAVA 등이 있으며, 전문가용으로는 C, C++, COBOL, FORTRAN 등이 있다.

처에서 ARM의 라이선스를 받아 생산하고 있는 모바일 AP, 디스플레이 강국이라는 호재에 편승한 DDI 정도이다. 이와 같은 성공사례를 참고하여 사물인터넷 개화에 맞춰 경쟁력 있는 분야를 찾는다면 우리의 시스템 반도체 산업도 큰 성공을 거둘 수 있을 것으로 본다.

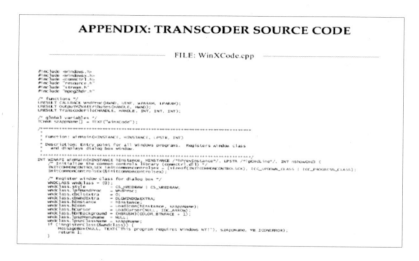

C언어로 되어 있는 기술 표준 사례

한편 시스템 반도체는 통신, 멀티미디어, 음성처리 등에 주로 사용되는데 모두 표준이 필요한 분야이다. 새로운 이동통신 표준인 LTE-A[64)]

---

64) LTE-A(long term evolution-advanced): 4세대 이동통신 LTE에서 한단계 더 진화된 이동통신 기술이다. 상이한 주파수 대역을 묶어 주는 첨단 기술(CA) 등으로 기존 LTE보다 2배, 3G 통신보다 10배 빠른 속도를 구현한다. 영화 한 편(800MB)을 다운로드 받는 데 43초면 충분하다.

가 속속 상용화되고 있지만 스마트폰 개발사들이 LTE-A 기술을 개발할 필요는 없다. LTE-A 시스템 반도체를 메인보드에 꽂으면 된다. 이러한 특성 때문에 시스템 반도체를 ASSP라고도 한다. '표준화된 특수 목적 반도체'라는 뜻이다. 앞 장에서 배운 바 있다.

2) RTL 변환

RTL은 'register transfer level'의 약자로 하드웨어인 레지스터(register) 사이의 데이터 흐름 수준까지 정의하는 언어이며, 일반 프로그램의 어셈블리 언어[65]와 유사하다. 레지스터란 컴퓨터 내부에서 CPU가 직접 관장하는 메모리이다. 부연하면 시스템 반도체도 하나의 작은 컴퓨터(원 칩 컴퓨터)로 보면 된다. 작은 칩 속에 CPU도 있고 메모리도 있고 레지스터도 있다.

RTL 변환이란 C언어로 제작된 프로그램을 RTL 프로그램으로 바꾸는 작업으로 일반 프로그램에서 고급 언어(C, COBOL, FOTRAN)를 어셈블리 언어로 바꾸는 컴파일[66] 작업으로 보면 된다. RTL 전용 언어는 베리로그(verilog)나 VHDL(very high speed integrated circuit hardware

---

65) **어셈블리 언어(assembly language)**: 컴퓨터 프로그래밍 언어 가운데 하나로 기호어(記號語)라고도 한다. 기계어(0과 1의 조합)를 사람이 일상 생활에서 사용하는 자연어에 가깝게 기호화해서 나타낸 것이다.

66) **컴파일(compile)**: 프로그램 제작자가 사람이 구분하기 쉬운 언어, 즉 COBOL, FORTRAN 따위로 작성된 프로그램을 기계가 이해할 수 있는 언어(기계어)로 번역, 변환하는 것이다.

description language) 등이 있다. 아주 복잡하지 않은 일반적인 시스템 반도체나 메모리 반도체 제작에는 전용 언어를 직접 사용하기 때문에 RTL 변환이 필요 없다.

이어지는 글의 이해를 돕기 위해 반가산기 시스템 반도체를 하나 만들어 보자. 반가산기란 덧셈을 하는 회로로 1비트와 1비트를 덧셈할 수 있다. 한편 전가산기는 아랫자리 덧셈에서 올라온 자리올림 수(carry)를 고려하여 1비트와 1비트를 덧셈하는 회로이다. 따라서 반가산기 1개(최하 비트용)와 전가산기 7개(상위 비트용)를 연결하면 8비트의 덧셈 장치가 만들어진다.

아래 그림은 반가산기 VHDL 프로그램이다. 고작 1비트 덧셈 프로그램이 이렇게 복잡하냐고 할 수 있지만 이는 CPU 수준이다. 고급 언어에서는 그냥 'A+B'라고 기술하면 되지만, CPU에서는 이를 반도체 회로의 전자적 작동으로 바꿔야 하기 때문이다.

```
_ ******************************************************* ENTITY halfadder IS.,
_   PORT ( A, B, Vdd, Vss: IN BIT;.,
            Sum, Carry: OUT BIT );.,
END halfadder,.
_ ******************************************************* ARCHITECTURE
halfadder_data_flow OF halfadder IS.,
    SIGNAL A_bar, B_bar. BIT;.,
BEGIN
    A_bar  <= NOT A;.,
    B_bar  <= NOT B;.,
    Sum <= (A_bar AND B ) OR ( A AND B_bar );.,
    Carry  <= A AND B;
END halfadder_data_flow;.,
```

1비트 반가산기 VHDL 프로그램

3) 셀 라이브러리 합성

셀 라이브러리 합성은 팹에 이미 보관하고 있는 셀 라이브러리에서 셀을 새로운 반도체에 끌어 쓰는 것이다. 앞서 소개한 라이브러리 링크와 같다고 보면 된다. 약간 다른 점은 라이브러리에 있는 셀은 RTL 프로그램으로 되어 있지 않고 반도체 회로도로 되어 있다는 것이다.

즉 시스템 반도체 프로그래머는 반도체 회로도를 그리지 않고 프로그램만 만들어 놓으면 셀 라이브러리 합성 단계에서 자동적으로 회로도가 그려지는 것이다. 마치 인체가 수많은 세포, 즉 셀(cell)로 구성된 것처럼 시스템 반도체도 수많은 셀로 구성되는데 프로그래머는 셀을 직접 만들 필요는 없다는 것이다. 이 셀 라이브러리는 대부분 저작권이 있으며 사용료를 지불해야 한다.

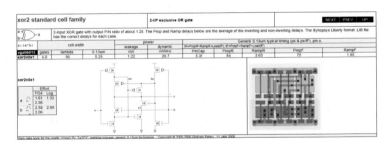

셀 라이브러리 사례

앞에서 VHDL로 제작한 1비트 반가산기를 셀 라이브러리와 합성하면 다음 화면과 같이 된다. 4개의 셀 라이브러리를 전선으로 연결해 놓았으며, 각각 셀의 크기만큼 자리를 차지하고 앉아 있는 것을 알 수 있다.

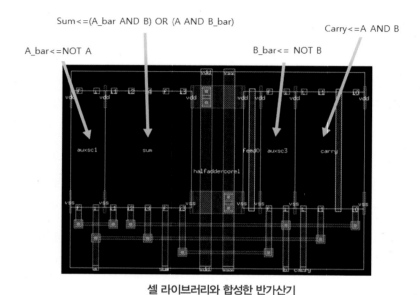

셀 라이브러리와 합성한 반가산기

　자동차 디자이너는 엔진을 설계하지 않고, 차체도 설계하지 않는다. 표준화된 차체와 엔진 중에서 최적의 성능을 낼 수 있는 모델을 골라 쓰면 되는 것이다. 복잡한 기계적, 전자적 구조물에 신경을 쓰지 않는 대신 전체적인 성능 향상에 집중할 수 있다. 마찬가지로 시스템 반도체 프로그래머는 셀 라이브러리를 활용함으로써 복잡한 반도체 회로에서 벗어나 전체적인 반도체 효율에 집중할 수 있다.

4) 게이트 수준 시뮬레이션

　게이트(gate)는 RTL 프로그램에서 최소 단위 모듈을 말하고 게이트 수준 시뮬레이션은 단위 모듈의 기능을 테스트하는 작업으로 일반 프로그램의 개별 테스트와 같다.

이 단계에서는 RTL 프로그램이 이미 회로도로 바뀌어 있는 상태이므로 모듈이 입력에 맞춰 정해진 클럭 주기를 따라 정해진 결과를 출력하는지 검토하는 것이다. 최근 시스템 반도체에는 10만 개 이상의 게이트가 있고, 시뮬레이션 작업은 프로그램을 보면서 하나하나 따라가는 것으로 매우 힘든 작업이다.

5) 레이아웃 합성

레이아웃 합성(placement & routing)은 물리적 마스크 패턴을 그리는 작업이다. 마스크에 셀을 적절히 배치시키고(placement) 프로그램에 따

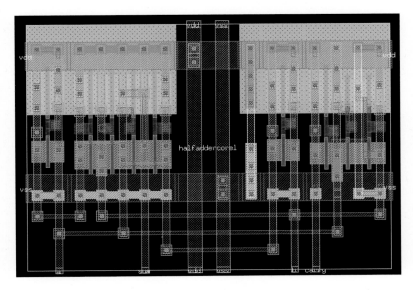

비트 반가산기 레이아웃 합성 결과

라 셀들을 연결하여(routing) 나간다. 최종적으로 CAD 설계도가 나오는데 사람 손으로는 할 수 없고 자동화 도구를 사용한다. 이 단계가 끝나면 시스템 반도체의 정확한 면적이 나오게 된다.

6) 포스트 시뮬레이션

포스트 시뮬레이션(post simulation)은 일반 프로그램의 통합테스트로 보면 된다. 디자인 룰은 지켜졌는지, 전기적 배선은 제대로 되어 있는지, 코딩에 맞춰 회로는 제대로 동작하는지 등을 검토하는 작업이다. 동작이 제대로 되지 않으면 RTL 프로그램을 바꾸어 다시 작업하는 등 설계의 최종 관문이 된다.

게이트 수준 시뮬레이션, 포스트 시뮬레이션 등 어려운 표현들이 계속 나오는데 모두 테스트 과정이다. 참고로 시뮬레이션(simulation)이란 모의실험을 의미한다. 실제 제작품이 아닌 설계도나 컴퓨터 모델 등을 사용한 시험을 말한다. 현 단계는 시스템 반도체가 만들어지기 이전이기 때문에 이런 용어를 쓴다.

7) 포토마스크 제작

포스트 시뮬레이션을 통해 시스템 반도체가 당초 설계한 대로 작동하는 것이 검증되면 CAD 도면을 마스크로 바꾸어 팹으로 넘기게 된다. 이로써 시스템 반도체 설계팀의 일은 끝나고, 이후로는 반도체와 마찬가지로 전·후공정을 거쳐 반도체 칩으로 생산되게 된다.

"콩 심은 데 콩 나고, 팥 심은 데 팥 난다"는 말이 있다. 설계와 CAD

작업을 통해 얻어진 마스크는 팹으로 옮겨져 마침내 손톱만한 까만색 반도체로 만들어진다. 결국 메모리 반도체와 시스템 반도체가 다른 점은 마스크로 무엇이 사용되었는가의 차이이다.

우리나라가 시스템 반도체에 약한 것은 생산 설비의 문제가 아니다. 진입도 물론 늦었지만 시스템 반도체를 만들 만한 설계(프로그램) 능력이 없는 것이다. 게다가 경쟁력 있는 기술이 있다고 할지라도 이를 글로벌 마켓에서 대량 보급할 수 있는 마케팅 능력과 경험도 충분하지 못하다.

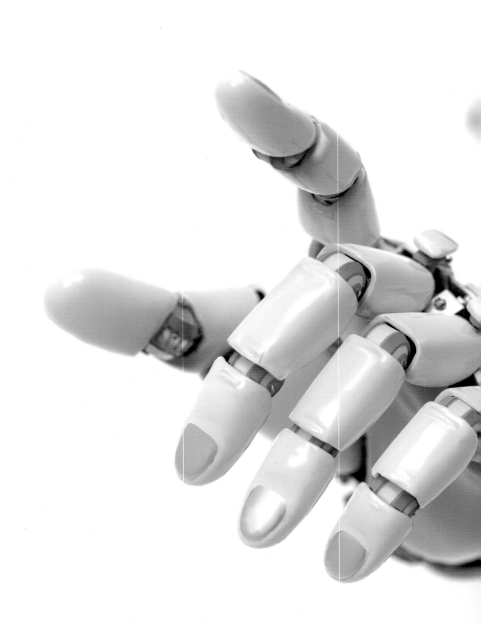

4장

반도체 산업과
미래 신기술

1 반도체 산업 • 221

2 반도체 신기술 • 252

3 한국 반도체 산업의 과제 • 290

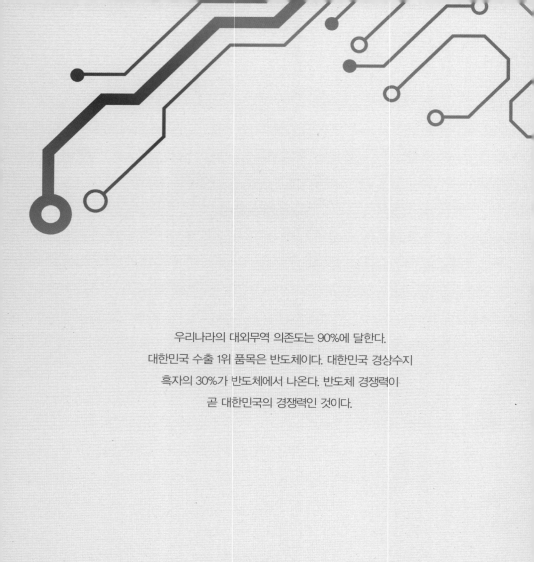

우리나라의 대외무역 의존도는 90%에 달한다.
대한민국 수출 1위 품목은 반도체이다. 대한민국 경상수지
흑자의 30%가 반도체에서 나온다. 반도체 경쟁력이
곧 대한민국의 경쟁력인 것이다.

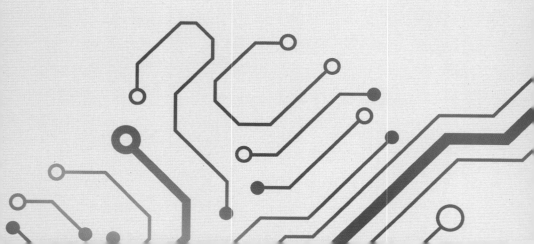

반도체 산업

1. 다양한 반도체 기업

"국내 반도체 산업은 종합 반도체 기업, 팹리스, 파운드리 및 패키지업체 등 소자업체 약 185개사가 있고 장비업체는 약 83개, 소재업체가 25개, 부분품 업체가 37개, 설비업체가 10개, EDA 및 IP업계 10개 등 총 350개사로 구성되어 있다."

2015년 정부가 발표한 한국 반도체 산업 현황이다. 반도체는 기술 자체도 까다롭고 연관 산업도 다양하여 여러 기업들이 협력과 공조로 산업을 이끌어가고 있다. 그런데 대한민국 수출 1위, 세계시장을 석권한 한국의 반도체 기업이 불과 3백여 개라니 필자 역시 놀랍다. 우리나라가 반도체 강국으로 부상한 것은 비록 역사는 짧고 기업도 많지 않지만 잘 짜인 역할 분담과 정부의 효과적인 육성 정책 덕분이라 할 수 있다.

이번 절은 반도체 산업 전반을 둘러볼 것이다. 첫째는 다양한 반도체 기업이다. IDM, 팹, 팹리스, 파운드리 등 명칭조차 낯선 기업들의 속살

4장 반도체 산업과 미래 신기술 **221**

을 들여다볼 것이다. 둘째는 반도체 공장을 방문할 것이다. 반도체 공장이라 하면 하얀 방진복 차림에 눈만 빠끔히 드러낸 작업자를 연상하는데 첨단의 반도체 공장은 과연 어떻게 꾸며져 있는지 살펴볼 것이다. 마지막은 반도체 시장에 뛰어들 것이다. 반도체도 일반 공산품과 같이 수요에 따라 생산되고 시장에서 유통되지만 산업의 비중만큼이나 제법 독특한 시장구조를 갖고 있다. 이를 면밀히 살펴볼 것이다. 앞서 여러분은 반도체 공학을 공부하였다. 이제부터는 반도체 경영을 배우게 될 것이다.

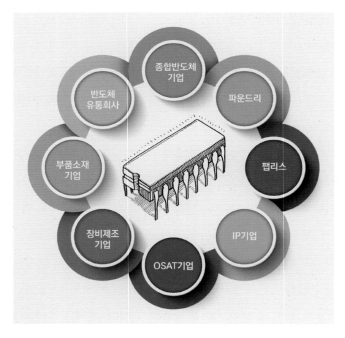

다양한 반도체 기업

1) 종합 반도체 기업

반도체 기업이라고 하면 일반인들은 삼성전자와 SK하이닉스를 떠올릴 것인데 이 두 회사는 종합 반도체 기업으로 분류된다. 영어로는 IDM, 'integrated device manufacturer'이다. 모든 반도체 생산 공정을 종합적으로 갖추고 있는 기업이다.

즉 반도체 설계, 웨이퍼 가공, 패키징, 테스트로 이어지는 일관된 공정을 갖추고 있다. 그 중 웨이퍼를 생산하는 설비는 기본이다. 이 설비를 영어로는 'fabrication facility'라고 하며 간단히 '팹(FAB)'으로 통칭하고 있다. 그래서 웨이퍼를 생산하는 기업을 '팹 기업'이라고 부르기도 한다. 팹을 건설하려면 수조 원 이상의 대규모 자본을 필요로 한다. 대기업이 주도하는 이유이다.

한편 IDM은 생산 능력의 효율적 관리를 위해 많은 외주 기업을 거느리고 있는데 후공정을 담당하는 패키지 기업이 대표적이며 그 외 테스트, 설계 등을 외주하고 있다. 세계적으로 보면 한국의 삼성전자, SK하이닉스, 일본의 도시바, 미국의 인텔과 마이크론 테크놀로지 등이 종합 반도체 기업으로 꼽히고 있는데 이들을 글로벌 반도체 5강, 혹은 '빅 파이브'라고 한다.

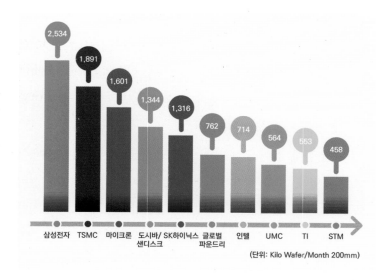

팹 기업별 웨이퍼 출하 규모(출처: IC인사이츠 '2015)

2) 파운드리

'실리콘 파운드리(silicon foundry)'에서 나온 말이다. 종합 반도체 기업과 유사하게 팹을 갖추고 있지만 자체 제품을 생산하기보다 수탁생산을 주로 하는 기업을 말한다. 우리나라의 동부하이텍 및 매그나칩이 여기에 해당한다. 이들 기업은 종합 반도체 기업을 목표로 하지만 애초부터 파운드리를 주 사업으로 설립한 기업도 있다. 대만의 TSMC, UMC, 중국의 SMIC 등이 대표적이다.

파운드리의 주 고객은 팹리스가 된다. 팹리스(fabless)는 말 그대로 '팹이 없는' 기업인데, 반도체 설계 및 마케팅 능력을 갖추고 있으나 대규모 자본이 소요되는 팹은 없는 기업이다. 따라서 반도체 생산을 외부에 위탁하게 되는데 이러한 역할을 파운드리, 즉 수탁업체가 맡게 된다. 팹이 없는 팹리스와 팹만 있는 파운드리의 공존이라고 이해하면 무리가 없다. 큰 범주에서 IDM 기업도 파운드리의 역할을 한다. 즉 삼성전자, SK하이닉스도 팹리스나 세트메이커로부터 위탁을 받아 파운드리 사업을 한다. 애플은 삼성전자 파운드리의 최대 고객이기도 하다.

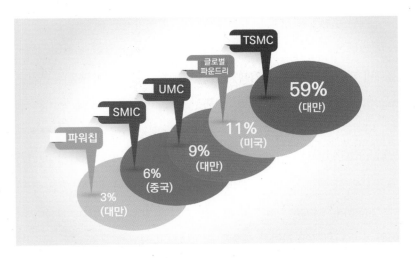

'2016 순수 파운드리 업체 순위 및 점유율(출처: IC인사이츠)

한편 여기서 주목할 점은 대만의 파운드리 경쟁력이다. 전문 파운드리가 등장한 것도 1987년 대만 TSMC가 처음이다. 대만 파운드리는 세계 시장의 50% 이상을 점유하고 있을 뿐만 아니라 대만의 수많은 팹리스의 생산기지 역할을 충실히 하여 대만 반도체 산업 생태계의 큰 버팀목 역할을 하고 있다. 나아가 이들 파운드리는 종합 반도체 기업으로 도약하는 것도 가능하니 우리에게 큰 위협이며 경쟁상대이다.

　애플은 자사 제품에 들어가는 모바일 AP를 삼성전자와 대만의 TSMC 를 통하여 생산하고 있는데, 애플의 외주 정책 및 삼성과의 경쟁으로 반 도체 생산 실적이 크게 출렁이고 있다. 예를 들어 2012년에 애플이 삼성 전자 파운드리를 많이 사용하게 되자 한국의 시스템 반도체 세계시장 점 유율이 6.1%로 4위가 되었다가 2013년에 애플이 TSMC를 많이 사용하여 다시 대만이 4위, 한국이 5위가 될 정도로 그 영향력은 대단하다.

　2017년 초 시장조사기관 〈IC인사이츠〉는 우리나라의 동부하이텍이 글로벌 파운드리 업계 순위에서 첫 'TOP 10(8위)'에 진입했다는 반가운 소식을 전해왔다. 동부하이텍은 사물인터넷, 스마트폰 등에 쓰이는 센 서, 저전력 반도체, OLED 구동 칩 등을 만드는 회사다. 동부그룹은 2000년대 초반부터 막대한 자금을 쏟아부었지만 거듭 적자를 보다가 최근 다양한 센서 제품의 생산과 설비 증설 효과 등에 힘입어 흑자 전환 에 성공했다. 글로벌 파운드리 시장은 중화권 반도체 기업들, 이른바 차 이완(차이나+타이완) 기업이 시장을 휩쓸다시피 하고 있다.

3) 팹리스

　앞서 설명한 바와 같이 팹이 없고 반도체 생산은 파운드리에 위탁하 는 기업이다. 반도체를 설계만 하고 웨이퍼 생산은 파운드리에 맡기며 나아가 패키징, 테스트 등도 외주로 해결한다. 그리고 생산이 완료된 칩 을 자신의 이름으로 판매하고 있다. 돈이 많이 드는 공장은 갖지 않는 반면, 설계 및 마케팅에 주력할 수 있는 비즈니스 모델이며 기술적인 다양성을 갖는 시스템 반도체가 팹리스의 사업 대상이 된다.

대표적 팹리스는 앞에서도 소개한 퀄컴이다. 실리콘밸리의 조그만 벤처기업이었던 이 회사가 보유한 CDMA[67] 기술이 한국의 2세대 이동통신 표준으로 선정되자 CDMA 통신 칩을 독점 공급하며 급성장하였다. 이외에도 통신용 반도체로 유명한 미국 브로드컴, 그래픽용 CPU(GPU)의 AMD 및 엔비디아 등도 모두 팹리스 기업이다.

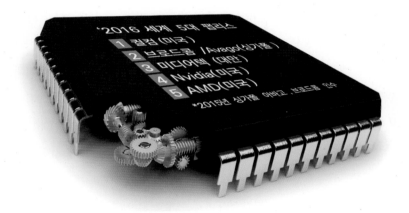

'2016 세계 5대 팹리스 기업(출처: IC인사이츠)

한국의 반도체 세계시장 점유율이 2위로 올라섰으나 이는 메모리 반

---

67) CDMA(code division multiple access): 코드분할다중접속. 동일 이동 주파수 대역에서 여러 사람이 함께 통화할 수 있도록 개발된 디지털 이동통신 기술. 아날로그 대비 수용 용량이 10배가 넘고, 통화품질도 우수하다. 한국은 1996년 세계 최초로 CDMA를 상용화했다.

도체에 기인한 것으로 시스템 반도체에서의 존재감은 미미하다. 시스템 반도체의 경쟁력 강화는 한국 반도체 산업의 큰 숙제이며 이 숙제는 팹리스 기업 활성화에서 해법을 찾을 수 있을 것이다.

4) IP기업

'칩리스(chipless) 기업'이라고도 한다. IP기업은 팹리스와 유사하지만 수익모델이 다르다. 반도체 설계를 전문으로 하지만 셀 라이브러리라고 하는 특정 설계 블록을 팹리스나 종합 반도체 기업 등에 제공하고 사용료를 받는 기업이다. 그래서 'IP(intellectual property)'라는 용어를 쓴다.

IP기업으로는 CPU를 개발한 ARM이 대표적이다. ARM은 1980년대 후반 영국에서 설립된 업체로 스마트폰이나 태블릿 등 모바일 기기에 사용하는 CPU를 개발했다. 그러나 이 회사는 디자인만 하고 실제 CPU는 생산하지 않는다. 삼성전자와 같은 전문적인 CPU 제조업체가 자신들의 브랜드로 ARM CPU를 생산하고 판매한다. 자신의 브랜드로 칩을 생산하지 않는다는 의미에서 '칩리스'라고 부르게 된 것이다.

대표적인 제품으로는 삼성전자의 모바일 AP인 '엑시노스', 애플의 'A시리즈', NVIDA의 '테그라'와 퀄컴의 '스냅드래곤' 등이 있다. 현재 ARM과 계약해 모바일 AP나 반도체 부품을 생산하는 업체는 전 세계 300여 곳, 이들이 쏟아내는 ARM 디자인 기반 프로세서 수만 해도 한 해 80억 개다. 스마트기기 CPU의 95% 이상이 ARM의 기술을 사용하고 있다. ARM은 2015년 10억 파운드(약 1조 5천억 원)에 매출을 올렸다.

'2015 모바일 AP 시장점유율. 대부분 ARM 기반 IP를 사용한다.
(출처: Strategy Analytics)

　팹리스, 칩리스, 조금 혼란스럽다. 정리하면 팹리스는 팹이 없는 기업이고, 칩리스는 팹이 없을 뿐만 아니라 칩도 없는 기업이다. 퀄컴은 자체 브랜드의 모바일 AP를 판매하고 있지만 팹이 없다. ARM은 팹이 없을 뿐만 아니라 자체 브랜드의 상품도 없다. ARM은 칩을 팔지 않고 로열티만으로 살아간다.

　ARM은 지난 2016년 일본 소프트뱅크(손정의)에 의해 인수됐다. 인수 금액은 무려 320억 달러로 일본 기업의 해외 인수합병 규모 중 가장 큰 금액이다. 소프트뱅크의 ARM 인수는 사물인터넷(IoT)용 반도체 사업을 강화하기 위한 포석으로 분석된다.

5) OSAT

반도체 패키징 및 테스트 수탁기업(outsourced semiconductor assembly and test, OSAT)을 말한다. 폭넓은 의미에서 반도체 후공정 업계이다.

팹에서 생산된 웨이퍼에는 다이(die)라고 하는 수백 개의 칩이 바둑판 모양으로 인쇄되어 있다. 이 다이를 하나하나 낱개로 잘라내어 솔더 볼 혹은 지네 다리(리드 프레임)를 붙이고 플라스틱 몸체를 만드는 작업이 패키징이며 이를 전문으로 하는 기업이 패키지 기업이다. 반도체 칩을 포장, 즉 'packaging'하는 것이라 하여 붙여진 이름이다.

스마트폰, PC, 고가의 전자 장비 등 다양한 제품에서 핵심적인 기능을 수행하는 반도체는 그 중요성만큼이나 엄격한 신뢰성이 요구되는 제품이다. 또한 수백 단계의 복잡한 공정을 거쳐 생산되기 때문에 일일이 기능 및 신뢰성을 테스트하여야 한다.

통상 공산품의 품질 검사는 전수 검사(total inspection)와 샘플링 검사(sampling inspection)로 나뉜다. 대부분의 공산품은 샘플링 검사만으로도 원하는 수준의 확인이 가능하기 때문에 샘플링 검사를 한다. 그러나 반도체의 경우에는 반도체의 결함이 곧바로 완제품 결함으로 이어지는 경우가 많으므로 전수 검사를 원칙으로 한다.

공장별로 하루에 몇 십만 개, 몇 백만 개 쏟아지는 반도체 칩을 일일이 테스트하기 위해서는 대규모 설비가 필요할 뿐만 아니라 많은 인력이 소요된다. 이에 따라 테스트만을 전문으로 하는 기업이 생겨나 종합 반도체 기업이나 파운드리, 패키지 기업으로부터 위탁 받아 테스트 업무를 수행하고 있다. 이들 기업을 반도체 테스트 기업이라 말한다.

외주의 범위는 유동적이다. 파운드리는 '패키징 & 테스트'를 거의 외주에 의존한다. 반면 종합 반도체 회사들은 자체적으로 후공정 시설을 보유하고 있으므로 직접 처리가 가능한데, 그렇다고 100% 인하우스(in-house)로 처리하지는 않는다. 물동량, 시설투자에 따른 리스크 회피 등의 목적으로 OSAT 기업을 활용하기도 하고 기술보안, 납기 및 신뢰성 관리 측면에서 인하우스를 선호하기도 한다.

글로벌 OSAT 시장은 대만이 주도한다. 점유율이 40%에 달한다(가트너, '2016). ASE, SPIL 등 글로벌 상위 10개 기업 중 5곳이 대만이다. 국내 기업으로는 한국계 미국기업 암코가 유일하다. 세계시장 점유율 2위(11%)이다.

'2016 글로벌 5대 OSAT와 점유율(출처: 가트너)

6) 장비 제조 기업

반도체 장비는 웨이퍼 제조에 필요한 전공정 장비, 패키지에 필요한 후공정 장비, 각 공정별로 시험 및 검사를 하기 위한 테스트 장비로 나누고 있다. 시장 규모를 보면 전공정 장비가 70%, 후공정 장비가 10%, 테스트 장비가 20% 정도를 차지한다.

이러한 장비는 고도 기술의 집약체일 뿐만 아니라 수요가 한정되어 있는 반면 개발에 막대한 자금과 시간이 소요된다. 또한 반도체 세대교체 주기에 민감하기 때문에 미국, 유럽 및 일본 기업이 주도하고 있다. 그러나, 우리나라의 반도체 제조 기술이 세계 반도체 기술을 주도하면서 반도체 제조 기업과 장비 공동 개발 등의 형태로 국내 장비 제조 기업이 지속적으로 성장하고 있다.

한편 공정별 대표 장비를 꼽아보면 전공정의 포토작업을 수행하는 노광기(stepper), 후공정의 웨이퍼를 얇게 연마하는 백 그라인딩(BSG) 장비, 그리고 테스트 공정에서 웨이퍼 속 다이 하나하나의 품질을 검사하는 EDS 장비가 있다.

다음은 EDS 장비 중 하나인 웨이퍼 프로버(wafer prober)이다. 앞서 프로브 카드(probe card)를 설명했는데 사진 가운데 파란색 기판이 그것이다. 프로버 장비는 웨이퍼를 프로브 카드 위치에 로딩하고 스테이지를 이동시키며 칩의 패드와 프로브 카드의 탐침을 1:1 배치시킨다. 검사결과는 테스터(tester)에 표시된다. 이해를 돕기 위해 상면부 커버를 벗겨놓았다.

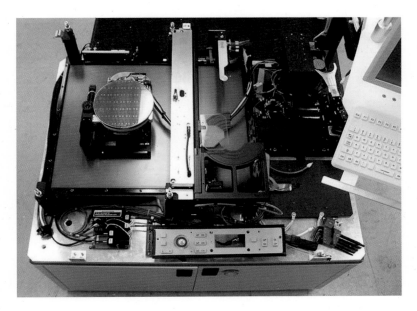

웨이퍼 프로버(wafer prober)(출처 Wikimedia Commons)

글로벌 장비업계의 '큰 손'은 한국이다. 2017년 국제반도체장비재료협회(SEMI)가 예측한 지역별 장비구매 전망치를 보면 대만 102억 달러, 한국 97억 달러, 중국 70억 달러, 북미 54억 달러, 일본 53억 달러, 유럽 28억 달러 수준이다. 한국이 대만보다 다소 낮지만 건물과 클린룸 공사비를 합친 전체 시설투자비는 한국이 더 많다. 삼성전자와 SK하이닉스는 평택과 이천, 청주에 대규모 팹을 건설 중이다.

2016년 이후 팹 투자는 3D낸드에 집중되고 있다. 삼성전자, SK하이닉스, 마이크론, 도시바, 인텔 등이 발벗고 나섰다. 낸드 시장의 대세가 된 3D낸드는 다음 절에서 자세히 다룰 것이다.

급부상하는 지역은 중국이다. 2016년 세계 반도체 생산량 14%를 차지하는 중국은 2019년에는 19% 가량을 차지할 것으로 예상한다. 올해 신규 팹 투자 건 수만도 20여 건에 이른다. 더불어 장비 시장도 급성장해 2020년경 한국, 대만을 상회하는 110억 달러 이상이 될 것으로 예상한다.

7) 부품소재 기업

반도체 부품소재 중 가장 큰 비중을 차지하는 것은 실리콘 잉곳(ingot)이다. 실리콘을 고열로 녹여 만든 순도 99.999999999%의 단결정 구조의 실리콘 원기둥이다. 이 원기둥을 두께 1㎜ 정도로 얇게 썬 원판을 팹으로 공급하게 되면 팹에서는 수백여 개의 칩이 인쇄된 완성된 웨이퍼로 가공하게 된다.

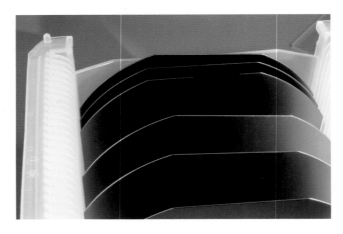

공 웨이퍼(혹은 베어 웨이퍼)

공 웨이퍼는 일본 기업이 세계시장의 60% 정도를 점유하고 있으며 국내 유일 기업으로 LG실트론이 있다. LG실트론은 300mm 분야에서 세계 시장 점유율 4위(2016년)를 기록했다. 2017년 1월 반도체부문 수직계열화를 추진하는 SK는 LG실트론의 지분 51%를 사들이는 계약을 체결하기도 했다.

그 외에도 웨이퍼를 만드는 전공정에는 각종 화학약품, 웨이퍼 연마제(슬러리) 등이 사용되고, 후공정에는 지네 다리에 해당하는 리드 프레임, 패키지 회로인 PCB, 전선으로 사용되는 금선 및 솔더 볼, 검정 플라스틱인 에폭시, 보호 테이프(DAF) 등이 주요한 부품소재로 사용된다.

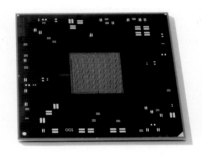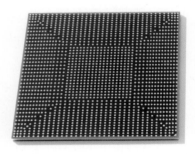

반도체 PCB(앞·뒷면, LGA타입). 가운데 네모 칸에 칩이 올라간다.

장비만큼의 고성장은 아니지만 재료시장도 꾸준한 성장세를 이어가고 있다. 2017년 전망(SEMI)에 따르면 전공정 반도체 재료시장은 253억 달러 수준으로 예측됐다. 전년 대비 3.1% 증가한 수치이다. 패키징 후공정 반도체 재료시장은 196억 달러 규모로 전년 대비 0.7% 확대될 것으로 예상됐다.

8) 반도체 유통 기업

반도체도 일반 상품과 같이 시장에서 유통되는데 다양한 응용제품, 기술적인 복잡성에 따라 독특한 유통구조를 갖고 다양한 유통 기업이 관여하게 된다. 예를 들면 삼성전자 등 종합 반도체 기업은 주요 컴퓨터 메이커나 모바일 기기 메이커와 직거래를 하지만 일반 고객을 대상으로 는 대리점을 통해 유통하게 된다.

특히 시스템 반도체는 그 종류가 매우 다양하고 전 세계에 널리 사용되고 있어 글로벌 유통 기업이 필요하다. 에브넷, 애로우일렉트로닉스, WPG, 유니퀘스트 등이 유명한 글로벌 유통 기업으로 국내에는 이들의 현지 판매 조직이 있고, 석영브라이스톤과 같은 토종 반도체 유통 기업이 있다.

2. 반도체 기업의 협력 관계

반도체 기업을 살펴보았다. 반도체 기업을 부가가치 창출 측면에서 정리하면 다음 표와 같으며, 다양한 방식으로 분업 및 협업을 하고 있다. 예를 들면 팹리스는 시스템 반도체를 설계하기 위해 칩리스 기업의 셀 라이브러리를 활용하게 되며, 웨이퍼 생산 및 패키징은 각각 파운드리, 패키징 기업, 테스팅 기업을 활용하고 유통은 유통 기업을 활용한다.

	설계	장비,부품,소재 공급	웨이퍼 생산	패키징,테스트	자체 판매	유통
종합반도체기업	✓		✓	✓	✓	✓
파운드리			✓	✓		
팹리스	✓				✓	
IP기업(칩리스)	✓					
OSAT				✓		
장비, 부품, 소재기업		✓				
반도체 유통회사						✓

부가가치 창출 측면에서의 반도체 기업의 역할

퀄컴은 대표적인 팹리스로 영국 ARM의 CPU 라이선스를 구입하여 한국이나 중국의 파운드리에서 스냅드래곤이라는 모바일 AP를 생산한 후 삼성전자, LG전자 등 세트메이커에 납품한다. 이와 같이 팹리스는 핵심 설계기술이나 생산설비 및 유통조직 없이도 세계적인 반도체 회사의 모습을 갖출 수 있다.

한편 종합 반도체 기업은 여러 패키징 및 테스팅 기업과 협력관계를 맺고 생산 설비 운영의 유연성을 도모하고 있다. 이에 따라 삼성전자나 SK 하이닉스가 중국에 공장을 설립하면 협력관계에 있는 패키지 기업 및 테스트 기업도 같이 진출하게 되는 등 정교한 생태계가 형성되고 있다.

3. 반도체 제조공장

전기신호로 정보를 주고받는 반도체의 성질은 1800년대 전자기학의 아버지로 불리는 영국의 패러데이(M. Faraday)의 황화은(Ag$_2$S) 실험에서 비롯되었지만 현대 반도체 산업의 태동은 1951년 트랜지스터가 미국에서 실용화되며 급진전되었다. 이때부터 전기통신기술의 일부였던 전자기술이 반도체 산업을 중심으로 모든 산업으로 확대되었고 21세기 지식정보화 사회를 촉진시켰다.

반도체 산업의 중심인 반도체 소자 제작은 초고순도의 균일한 단결정을 얻고, 불순물 첨가를 통해 성질을 제어하며, 나노 단위의 극미세 회로를 손톱만한 박판 표면에 식각시키는 기술 등 정밀한 생산기술과 시설 등의 뒷받침을 필요로 한다. 또 이들 공정에서 사용되는 용수와 자재의 순도도 매우 높아야 하며 공정과 작업환경도 극도로 정밀하게 제어·조절되어야 한다. 반도체 소자 제작공정에서 쓰이는 물질의 순도는 특히 전자급(electronic grade)이라 하여 구별한다.

지금까지 반도체 산업 생태계를 살펴보았다. 이 단락에서는 반도체 제조현장 속으로 들어가보자. 각종 언론을 통해 종종 반도체 작업현장을 보게 되는데 모두가 방진복을 입고 있다. 미세한 먼지도 허용하지 않는 반도체 제조공정에 꼭 필요한 옷이다. 반도체 공장은 일반 공장과는 다른 상위 레벨의 환경조건과 까다로운 규칙이 전제되어야 한다.

삼성전자 기흥 반도체공장(사진제공: 삼성전자)

1) 클린룸, 방진복

앞서 설명한 것처럼 반도체는 나노 수준의 가공 기술로 매우 청결한 작업 환경이 필요하다. 최근 웨이퍼의 선폭이 10나노미터(nm)까지 줄어들었는데 여기에 만일 5마이크로미터(㎛)급 미세먼지가 침투한다면 500블록이 영향을 받게 되므로 큰 재앙이 아닐 수 없다. 이러한 먼지를 방지하기 위해 클린룸(cleanroom)과 방진복을 조치한다.

클린룸에는 필터로 정화된 깨끗한 공기가 천정에서 항상 공급된다. 작업자들도 방진복을 입는다. "백골이 진토되어…"라는 단심가 시구에 나오는 먼지 '진(塵)', 방진복(防塵服)이다. 우주인 같이 온통 하얀 옷에, 후드, 마스크, 장갑 및 덧신을 착용한다. 작업자 모두가 눈만 빠끔히 내놓고 있다 보니 남자인지 여자인지 분간하기 어렵다.

더구나 '먼지와의 전쟁'을 벌이고 있는 라인의 특성상 출입자들의 화장도 엄격하게 금지된다. 화장품에 들어 있는 화학 입자의 침투를 막기 위해서다. 방진복은 먼지는 물론, 사람 몸에서 나오는 땀과 정전기까지 방지하는 최첨단 소재이다. 클린룸에 들어갈 때는 에어 샤워(air shower)라고 하여 바람으로 먼지를 씻어낸 후 들어간다.

에어 샤워

반도체 공장에서는 생산라인의 청정도를 '클래스(class)'라는 단위로 구분해 관리한다. 클래스 10, 클래스 100, 클래스 1,000 등의 규격이 있는데, '클래스 10'이란 1 입방피트(ft) 내에 0.5마이크로미터 크기의 먼지가 10개 미만 및 5마이크로미터의 먼지가 없어야 한다는 것이다. 마찬가지로 클래스 100은 0.5마이크로미터 크기의 먼지가 100개 미만, 클래스 1,000은 1,000개 미만이 된다. 클래스가 낮을수록 청결도는 높아진다.

1입방피트는 가로×세로×높이가 30㎝인 입방체이다. 사람 머리카락 굵기가 70마이크로미터 정도인 점에 비춰볼 때 0.5마이크로미터 수준의 먼지에 대한 통제는 말 그대로 '티끌 하나 없는' 작업환경을 뜻한다.

우리 반도체 산업은 선진국에 비해 30년 정도 늦었지만 지금은 세계 시장을 선도하고 있다. 후발주자라는 약점을 단기간에 극복한 것이다. 이는 뼈를 깎는 노력, 시의적절한 투자도 있었지만 우리 고유의 생활문화도 한몫 했다는 평가이다. 흰색 옷을 주로 입고, 실내에서 신발을 벗고 생활하는, 즉 청결을 중요시하는 문화가 그것이다. 고청정을 요구하는 반도체 생산라인의 최우선은 청결이다.

2) 전원, DI워터

지난 2007년, 삼성전자 기흥공장 내부 변전설비의 고장으로 21시간 정도 정전이 되자 전 세계 반도체 시장이 출렁였다. 소식이 전해지자 경쟁사인 SK하이닉스와 도시바의 주가는 급등했고, 낸드를 공급받는 애플의 주가는 떨어졌다. 현물 시장의 가격은 7~8% 뛰었다.

삼성전자의 피해액도 수백억 원에 달하였다. 작업 중이던 웨이퍼가 모두 못쓰게 되었기 때문이다. 이토록 반도체 공장의 전원 공급은 매우 중요하며 규모에 따라 내부 비상 발전설비, 전압조정기, 무정전 전원장치 (uninterruptible power supply, UPS) 등이 필요하다.

반도체 공장에는 전기 못지 않게 많은 물이 사용된다. 아직까지도 가장 우수한 세척제는 물이다. 웨이퍼 생산 공정을 보면 모든 작업 후에는 반드시 웨이퍼를 물로 씻어내야 한다. 예를 들면 식각을 하였을 경우 웨이퍼를 깎아 내고 남은 부스러기를 씻어내는 데 물을 사용하며, 이온을 주입하였을 경우에도 웨이퍼 표면에 남아 있는 이온을 씻어내는 데 물을 사용한다. 후공정에서도 웨이퍼 연마에 많은 물이 필요하며 웨이퍼 절단 시에도 냉각수가 필요하다.

웨이퍼 세정

반도체 공장에서는 DI워터를 사용한다. 'de-ionized water, 즉 이온을 제거한 물이다. 이온이라 하면 웨이퍼 제조공정 중 '이온 주입 공정'을 떠올릴 수 있는데, 반도체는 실리콘 결정에 이온을 주입하여 제작되는 것인 바, 물 속에 약간의 이온이라도 녹아 있으면 안 된다. 이온뿐만 아니라 불순물이 전혀 없는 순수한 물이 필요하다. 반도체 공장에는 규모에 맞춘 DI워터 장비가 필요하다.

물의 양도 문제이다. 많은 양의 물이 필요하며 상수도로 공급받거나 자체 수원을 개발하여 조달하여야 한다. 이 때문에 비용적인 면과 환경적인 면의 부담을 줄이기 위해 재활용 설비를 많이 사용한다. 침전조 및 필터를 사용하여 재활용을 하는데 최근에는 70% 이상의 물을 재활용하는 공장도 설립되고 있다.

3) 연중무휴 반도체 라인

추석이나 설날 같은 명절이면 빠지지 않는 뉴스가 있다. 휴일에도 불구하고 방진복을 입고 작업에 열중하는 반도체 생산라인의 모습이다. 단 한 차례도 가동을 멈추지 않는 역동적인 한국경제의 단상을 보여주는 모습이기도 하다.

반도체 공장이 쉬지 않는 것은 주문이 밀려서만은 아니다. 사실, 한 번 라인을 정지할 때 입는 손해가 엄청나기 때문이다. 예를 들어보자. 수백여 공정의 반도체 라인은 정지하는 데만 2~3일이 걸린다. 또한 재가동시 또다시 2~3일이 소요된다. 수율은 또 다른 문제이다. 최적화된 공정흐름을 제자리로 끌어올리는 것은 거의 모험에 가깝다. 결국 명절 3일 연휴를 위해 7일 이상의 생산 차질을 감수해야 하니 가동을 중단할 수 없는 것이다.

기술적 문제뿐 아니라 라인이 쉬게 될 경우 발생하는 고정비용(감가상각비 등)도 무시할 수 없다. 반도체 라인을 하나 짓는 데 10조 원이 든다 했을 경우, 5년 동안 감가상각을 하게 되면 라인당 하루에 약 50억 원 안팎의 비용이 발생한다. 하루 50억이 들어가는 설비를 아무 생산활동

웨이퍼를 들고 있는 작업자의 모습

없이 세워둘 수는 없는 노릇이다.

4. 반도체 시장

반도체도 일반 공산품과 같이 〈생산자 → 도매상 → 소매상 → 수요처〉로 이어지는 유통구조를 갖고 있다. 아울러 수요와 공급이 기본적으로 가격을 좌우하고 있다. 그러나 몇 가지 독특한 가격 결정 메커니즘이 있다.

1) 고정거래선 가격, 현물 가격

D램과 낸드 등 메모리 반도체 가격은 크게 현물 가격(spot price)과 고정거래 가격(contract price)으로 구분할 수 있다. 이전에는 메모리 반도체의 수요에서 컴퓨터 메이커가 큰 비중을 차지하였다면, 최근에는 스마트기기 메이커가 합세하고 있다. 이들 대형 거래선은 삼성전자나 SK하이닉

스 등 종합 반도체 회사와 계약을 맺고 직거래를 하고 있다. 이러한 거래로 구매자는 안정된 원가를 유지하고 판매자는 안정된 수요처를 확보할 수 있으므로 메모리 반도체의 60% 이상이 고정거래로 이루어진다.

이들 고정거래처는 통상 매달 두 차례 가격 협상을 벌여 조정되며 보통 현물시장 가격보다 낮게 책정된다. 즉 현물 가격의 흐름이 약 2주 간격으로 고정거래 가격에 반영되는 셈이다.

현물 거래는 온라인과 오프라인으로 나눌 수 있다. 대표적인 온라인 거래 사이트는 DrameXchange.com(아시아)과 converge.com(북미)이 있다. 온라인 시장에서는 구매자와 판매자가 웹사이트를 통해 거래한다.

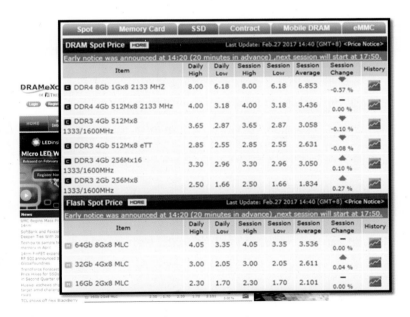

D램익스체인지. D램, 낸드 spot 가격이 올라와 있다(출처: DrameXchange.com).

온라인 시장에서는 구매자와 판매자의 익명성이 철저히 보장되고 있다.

오프라인 시장의 경우 유통 채널과 직접 거래가 이루어진다. 현물 거래는 투기 세력에 의해 가격의 등락이 클 수 있다. 뿐만 아니라 유통 채널이 보유하고 있는 재고 수량은 가격 결정에 중요한 변수로 작용한다. 특히 대규모 자금력을 보유한 유통 채널은 반도체 가격의 등락을 예측하고 보유 재고를 늘려나갈 경우 가수요가 생겨 수급을 왜곡시키기도 한다.

2) 선물거래

메모리 반도체 시장에서는 특이하게도 선물거래가 없다. 원유, 곡물, 금속, 화학원료 등의 경우는 대개 선물거래 시장이 있어 미래 가격의 불확실성에 대한 헷지 기능을 수행하고 있다.

선물거래가 이루어지지 않는 가장 큰 원인은 60% 이상이 고정거래로 이루어지기 때문일 것이다. 특히 고정거래는 현물 시장보다 조금 싼 가격으로 거래되기 때문에 선물거래가 나올 여력을 잠식해 버리게 된다. 또 하나의 이유는 선물거래가 활성화된 상품에 비해 공급자 및 수요자의 숫자가 매우 제한적이라 선물거래의 활성화를 위한 유동성이 취약하다.

그 밖에도 반도체는 다양한 사유에 의해 예측 불가능한 가격의 급격한 변화가 있다. 예를 들면 메이커는 언제든 감산할 수 있고 D램 생산을 줄이며 라인을 낸드 생산으로 돌릴 수 있고 그 반대도 가능하다. 또한 수요자 측면에서는 예를 들면, 애플이 신규 아이폰을 언제 출시할지, 초도 물량을 얼마로 잡는지에 따라서 반도체 공급 부족 현상이 나올 수 있다. 이러한 여러 원인이 선물시장을 주도하는 투기 세력에게는 매우 까다롭게 보이기에 엄두를 못내는 것으로 보인다.

3) 실리콘 사이클

반도체 산업에는 실리콘 사이클(silicon cycle)이라고 하는 경기순환 사이클이 있다. 메모리 반도체, 특히 D램에서 가장 심하게 나타나는데 D램은 시황에 따라 가격의 등락폭이 매우 심하다. 가격의 등락 현상은 수요보다는 공급에 의해 일어난다. 즉 호황 시 이익이 많이 발생하면 메이커는 설비투자를 확대하여 공급 능력을 증대시키지만 이는 공급과잉과 가격하락으로 연결되어 반도체 시장을 불황으로 빠져들게 하는 것이다.

과거 1970년 이후 실리콘 사이클은 4~5년 주기로 호·불황이 변화되어 왔으며 4년이 올림픽 주기와 맞기도 하고 월드컵 주기와도 같아 '올림픽 사이클', 혹은 '월드컵 사이클'이라고 불렸다. 특히 D램 시장의 경우 시

세계 반도체 시장 성장률(출처: IC인사이츠)

스템 반도체나 CPU 시장에 비해 변동폭이 컸으며 전체 반도체 시장 경기를 좌우하는 지표로 사용되었다.

2000년 이후 메모리 반도체 슈퍼사이클은 크게 세 번 찾아왔다. 2000년대 초·중반 노트북 수요 증가, 2000년대 후반 모바일 기기 확산, 2013년 일본 D램 기업 엘피다 파산 직후 등이다. 하지만 최근의 반도체 수요가 PC, 가전, 모바일 기기에서 사물인터넷, 자동차, 클라우드 등 산업 전반으로 확대되고 반도체 치킨게임이 끝나자 실리콘 사이클의 진동폭이 축소되어 거의 선형적인 성장 기조를 유지하고 있다.

4) BB율

한국의 통계청은 현재의 경기와 장래 경기의 동향을 예측하기 위한 경기선행지수를 발표한다. 이 지수는 각종 경제지표들의 전월 내지는 전년 같은 기간 대비 증감률을 합성해 작성된다. 반도체 산업의 대표적인 경기지표로는 BB율이 있다.

'BB율'은 반도체 업계의 선행지수라 말할 수 있는 지표로 세계 반도체 시장의 경기를 반영한다. BB는 'book to bill'의 약칭이다. BB율은 반도체 메이커들의 수주액(book)을 출하액(bill)으로 나눈 것으로 국제반도체장비재료협회(SEMI)가 북미와 일본에 있는 반도체 장비재료 업체들의 수급 상황을 조사하여 매달 또는 분기별로 발표한다. BB율이 1.0이면 수주와 출하의 균형점, 1.0 이상은 경기 상승, 1.0 이하면 경기 둔화를 뜻한다. 반도체 업계에서는 가장 바람직한 상태를 수주액이 출하액을 약간 상회하는 1.20으로 보고 있다.

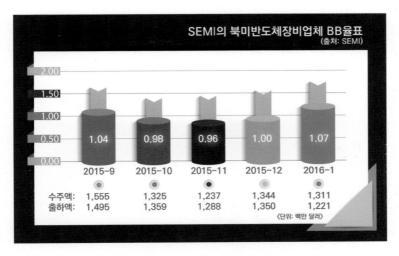

SEMI의 북미 반도체 장비업체 BB율표(출처: SEMI)

5) 비트 그로스, 비트 크로스

시장조사업체 D램익스체인지는 2017년 D램 비트 그로스가 사상 처음으로 20%에 못 미칠 것으로 전망했다. 비트 그로스가 30~40%면 정상, 50%를 웃돌면 공급과잉으로 보는 것이 일반적이다. 20% 수준이라 함은 그만큼 공급 부족이 심해져 가격이 오른다는 것이다.

반도체를 공부하며 자주 접하는 용어가 비트 그로스(bit growth), 비트 크로스(bit cross)이다. 비트 그로스는 메모리 반도체의 전체적인 성장률을 설명할 때 사용하는 용어이다. 비트를 기준으로 하는 이유는 개수를 기준으로 할 경우 발생하는 통계의 왜곡을 방지하기 위함이다. 예를들어 지난해 256Mb 1개를 팔고, 올해 512Mb 1개를 판매한 경우, 수량 기준 성장률은 0%이지만, 용량을 기준으로 한다면 두 배 성장 즉, 100%

이다. 비트 그로스 100%가 되는 것이다. 확대하여 생각하면 비트 그로스가 높은 것은 시장에 공급이 많다는 것이며 가격은 하락한다. 반대로 비트 그로스가 낮다면 수요가 공급을 초과해 가격은 오른다.

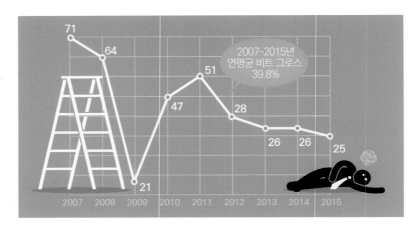

D램 비트 그로스 추이(출처: IC인사이츠, HIS)

비트 크로스는 D램과 같은 반도체 시장에서 최신 제품의 가격이 기존 주력 제품의 가격을 따라잡아 제품의 세대교체가 일어나는 현상을 말한다. 비트 크로스는 줄곧 있어왔다. 예를 들어 최근 출시한 1Gb D램 가격이 1.97달러인데 같은 용량의 기존 512Mb 2개 가격이 2달러인 경우 비트 크로스가 발생한다. 소비자들은 당연히 값싸고 성능 좋은 1Gb 1개를 사게 될 것이다. 비트 크로스가 활발하게 이루어진다는 것은 반도체 기술 발전이 빠르다는 것이며 고용량 제품을 선제적으로 내놓는 기업이 시장을 선점한다는 것이다. 현재의 한국처럼 말이다.

6) 반도체 수요의 계절성

여러 기업이 수요의 계절성을 겪는다. 바른전자 또한 한 해 매출의 70% 정도가 하반기에 집중되어 있다. 반도체 업계의 계절성은 PC 판매량과 관계가 깊다. 세계 PC 시장의 70% 이상을 차지하고 있는 미국, 유럽, 중국의 신학기가 9월에 시작되기 때문이다. 더구나 PC는 연말 특수에 선물용으로 집중 판매되기도 한다.

하지만 최근 반도체 수요의 계절성이 점차 약해지는 추세다. PC 의존도는 줄고 대신 계절을 덜 타는 스마트폰, 게임기, 자동차, 서버(주로 데이터센터용), 사물인터넷 등 반도체 사용처가 크게 확대되었기 때문이다.

자율주행(커넥티드)차. 통신, 감지(센서), 제어를 위한 수많은 반도체가 탑재된다.

제 2 절
반도체 신기술

1. 팹(FAB) 기술

"사람처럼 생각하고 감정을 공유할 수 있는 컴퓨터가 있다면 어떨까?" 요즘 반도체 업계의 핫이슈는 뭐니뭐니해도 인공지능(AI)이다. 인공지능은 스스로 생각하고 학습할 수 있을 뿐만 아니라 인간의 뇌처럼 에너지 효율성도 매우 높은 개념이다.

연산의 관점에서 인간의 뇌는 정교한 병렬(parallel)처리 기계다. 과제를 하나씩 차례대로 처리하는 직렬(serial)연산에 비해 병렬처리는 수많은 정보들을 한 번에 처리할 수 있는 장점이 있다. 신경세포의 처리 속도는 초당 10회 정도, 약 10Hz에 그친다. GHz 단위로 연산을 처리하는 CPU와 비교할 수 없지만 방대한 연결 구조 덕에 탁월한 능력을 보인다.

업계 전문가들은 2040년경 반도체 칩의 인공지능이 인간의 뇌 능력을 능가하게 될 것이라 예상한다. 인간 뇌에 있는 신경세포는 약 300억 개이다. 이는 수천 년간 크게 달라지지 않았다. 하지만 반도체 칩에서 신경세포 역할을 하는 트랜지스터의 숫자는 현재 수십억 개 수준이지만 향후 30년 이내 인간과 맞먹을 정도로 발전할 것이다.

구글과 IBM은 대표적인 인공지능 개발 기업이다. 세기의 바둑 대결을 펼쳤던 구글의 알파고(AlphaGo)는 1,202개 CPU와 176개 GPU를 병렬로 연결하였다. IBM은 일찌감치 사람 뇌를 모방한 반도체 개발에 역량을 쏟아 왔다. 2011년 1세대 시제품은 256개 신경세포와 26만 개 시냅스(synapse)[68]를 탑재한 초기 제품으로 곤충의 지능을 갖췄고 이후 개구

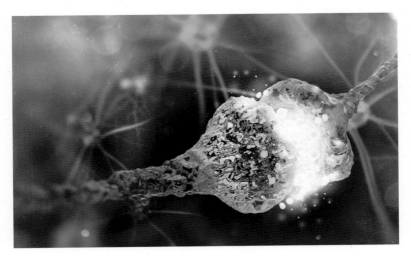

시냅스(synapse). 다른 신경세포와 접합하여 신호를 주고받는다.

---

68) 시냅스(synapse): 신경세포(뉴런)의 신경 돌기 말단이 다른 신경세포와 접합하여 신호를 주고받는 부위를 말한다. 기억의 메커니즘은 이런 신경세포와 시냅스의 작용을 통해 일어난다. 사람 뇌엔 무려 수십 조 내지 백조 개의 시냅스가 존재하는 것으로 추산한다.

리, 쥐 수준의 뇌 모방 칩을 차례대로 내놓았다. 그러나 한계가 있다. 여러 칩을 하나로 합친 구조여서 부피가 매우 크다. 단위 면적에 더 많은 트랜지스터를 집어 넣는 현재의 반도체 기술로는 집채만한 로봇이 한계이다. 중량 30톤의 첫 컴퓨터 에니악(ENIAC)을 연상한다.

팀 쿡(Timothy D. Cook) 애플 최고경영자는 2016년 한 언론과의 인터뷰에서 "인공지능은 미래 스마트폰 시장을 장악하는 핵심기술이 될 것"이라며 인공지능이 개인비서 역할을 하는 시대가 곧 올 것이라 말했다. 시장조사업체 〈리서치 앤 마켓〉은 세계 인공지능 시장이 2014년 4억 1,970만 달러에서 2020년 50억 5,000만 달러로 매년 50%가 넘는 성장세를 보일 것으로 예상했다.

이 단락에서는 반도체 신기술을 소개할 것이다. 팹과 패키지 기술, 소재 혁신을 통하여 과거 50년간 정보화 시대를 이끌었던 반도체가 인공지능으로 대표되는 정보혁신화 시대에 미래 지음이 될 수 있는지 점검해보자.

1) 3D V-낸드

플래시 메모리는 전원이 끊겨도 데이터를 보존하는 특성을 가진 반도체로 그 중 낸드 플래시는 우리 생활의 필수품으로 자리잡은 다양한 모바일 기기 및 SSD 등에 탑재되고 있다. 그런데 좁은 면적에 더 많은 셀(cell)을 만들어 소형화, 대용량을 실현하기 위해 10나노급 공정을 도입한 128기가비트(Gb) 낸드 플래시가 개발된 이래 공정이 미세화되면서 셀이 점점 작아지고 이웃한 셀과의 간격이 좁아졌다. 이로 인해 전자가 누설

되는 간섭 현상도 심화되었다.

메모리 셀을 집에 비유하자면, 과거에는 면적이 넓은 곳에 몇 개의 집만 있었으므로 이웃과의 충돌이 없었다. 하지만 점점 더 많은 사람이 밀려들며 동일 면적에 더 많은 집을 짓게 되었고 이웃한 집 사이의 거리도 가까워져 소음 문제 등 간섭 현상이 발생하게 된 것이다.

이처럼 극심한 간섭 현상으로 저장된 데이터를 판독할 수 없는 등 미세화 기술이 물리적 한계에 도달하자, 단층 구조의 집을 수십 층 고층빌딩과 같이 쌓아보자는 시도가 추진된다. 지금까지 평면 위에 간격을 좁혀 소자를 집적하여 왔는데 이제 2층, 3층, 위로 올려보자는 것이다. 이것이 3차원 수직구조 낸드(3D V-NAND, 3D vertical NAND)이다.

아래는 3차원 낸드의 구조이다. 좌측의 기둥 모양 구조물을 보면 게이트(gate), 게이트 유전체(SiO₂), 실리콘 기판(p-Si)의 배치가 기존 수평

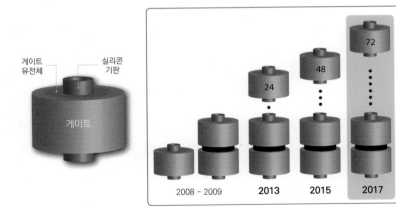

3D V-낸드

낸드(MOSFET)와 많은 차이가 있음을 알 수 있다. 즉 평면의 셀 구조를 수직의 버티컬(vertical) 구조로 바꾼 것이다.

3차원 낸드는 층수만큼 용량이 증가하는 것과 더불어 속도는 2배 이상, 소비전력은 절반, 수명도 최소 2배에서 최대 10배 이상으로 대폭 향상되는 부수적인 효과도 얻을 수 있다. 기존 낸드에 비해 안정성(reliability), 용량(capacity), 성능(performance)이 탁월하게 향상되었고 이런 장점 때문에 기존 낸드 제품을 빠르게 대체하고 있다.

복수의 시장예측기관은 2017년 3D제품이 차지하는 비중이 처음으로 50%를 넘길 것으로 전망했다. 낸드 시장의 대세는 이미 3D인 것이다. 한편 이런 의문점도 있을 것이다. "적층하면 칩의 두께가 너무 두꺼워지는 것이 아닐까?" 반도체는 나노 단위를 다투는 기술로 수백 단으로 쌓아도 전혀 문제가 없다.

삼성전자는 현재 3차원 낸드 시장을 사실상 독점하고 있다. 지난 2013년 처음 'V낸드'라는 이름으로 1세대 제품을 선보인 후 2세대에 이어 3세대 제품까지 선보인 상태다. 1세대 제품은 수직으로 24단을 쌓았고 2세대에서는 이를 32단으로 늘렸다. 2017년에는 삼성전자, SK하이닉스 모두 72단까지 높인 제품을 내놓을 것으로 예상된다.

3D 낸드의 최대 수요처는 SSD이다. 삼성전자는 2016년 CES(미국전자제품박람회)에서 2테라바이트(TB) 용량의 SSD를 소개했다. 크기는 명함 사이즈에 불과하지만 풀 HD 영화 400여 편을 저장할 수 있다. 스토리지 서버 1위 업체인 이엠씨(EMC)의 경우 "All flash"를 선언했다. HDD를 모두 버리고 SSD로 서버를 구성하겠다는 전략이다. 2015년 전체 스

토리지 서버내 SSD 탑재율은 8%에 불과하다. 2016년 5월에는 3D 낸드를 채용한 마이크로 SD카드도 등장했다.

2) 핀펫(FinFET)

지난 2013년 말 세계 최대 반도체 외주 기업인 대만의 TSMC가 첨단 공정 기술개발 지연으로 삼성전자에 역전될 것이라고 밝혔다. TSMC는 16, 14나노 핀펫 공정 고객사 유치전에서 삼성전자에 밀렸다고 배경을 설명했다.

반도체의 가장 중요한 기능 중의 하나가 스위치, 즉 트랜지스터의 기능이다. 그럼 어떤 트랜지스터가 좋은 것일까? 스위치를 켜고 끌 때 전류를 빠르게 연결하고 끊어야 할 것이다. 그렇다면 방법은 뭘까? 전류의 입구에서 출구까지 거리, 즉 회로 선폭(width)을 줄이는 것이다.

중국 음식에 '샥스핀'이 있다. 귀한 음식으로 가격도 매우 비싸다. 상어가 영어로 샤크(shark)이고 지느러미는 핀(fin)이다. 샥스핀(shark's fin)은 상어지느러미 요리이다. 핀펫(FinFET)은 얇은 지느러미 모양(fin)의 금속 산화물 반도체 전계효과 트랜지스터(MOSFET)이다.

핀펫은 1999년 미국 버클리대에서 처음 개발한 소자 구조로 평면에서만 전류가 흐르던 기존 트랜지스터 방식에서 벗어나 입체로 세워 3차원적으로 많은 양의 전류를 보내는 기술이다. 이때 입체적으로 세운 회로의 모양이 지느러미(fin)처럼 생겨 핀펫이라는 이름이 붙게 된 것이다.

다음 그림은 기존의 평면 트랜지스터와 핀 트랜지스터의 차이를 비교한 것이다. 우측 사진을 보면 전류 흐름의 통로인 파란색 기둥이 상어 지느러미처럼 입체적으로 세워져 있어 전류의 흐름이 원활해졌고 4면(앞, 뒤, 위, 아래)에서 전류의 흐름을 제어해 누설 전류를 막았다. 하지만 핀 트랜지스터가 실리콘 위에서 차지하는 면적은 오히려 적다. 그동안 회로 선폭을 줄여 집적도를 높이던 방식과 같은 효과를 가져온 것이다. 누설 전류를 차단하면 배터리의 수명도 늘릴 수 있다. 스마트폰이 일상화된 현대인에게 꼭 필요한 기술이다.

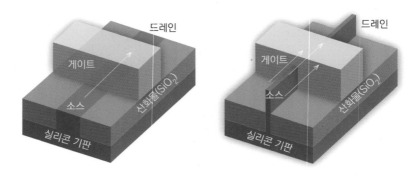

평면 트랜지스터와 핀펫(FinFET) 트랜지스터

3) 3D크로스포인트

차세대 메모리 제품의 진화 방향은 어디일까? 속도? 용량? 메모리 개발자의 꿈은 모두 같다. D램과 낸드 플래시의 장점만 결합하는 것이다. D램은 속도는 매우 빠르나 휘발성이다. 더구나 가격도 비싸다. 낸드 플래시는 비휘발성이지만 속도가 떨어진다. 그러나 가격은 저렴하다. 그래서 주로 저장장치에 쓰인다. 파괴적 혁신은 늘 큰 변화를 만들어낸다. 파괴적인 메모리 기술이란 더 빠르고, 덜 비싸며, 비휘발성이어야 한다.

2015년 7월 인텔과 마이크론이 차세대 메모리 기술 '3D크로스포인트 (3D Xpoint)'를 발표했다. D램보다 집적도(저장용량)가 10배 높고 낸드보다 데이터 접근 속도가 1,000배 빠르면서 데이터를 재기록하는 내구성(수명) 또한 1,000배 높다. 더구나 비휘발성이다. 이는 D램과 낸드의 경계를 허무는 혁신적인 기술이다. 물론 그들의 발표가 맞다면 말이다.

3D크로스포인트는 메모리이기 때문에 셀 단위로 비트를 기록하는 것은 같다. 그렇지만 구조가 다르다. 이 기술은 셀 위아래에 엇갈리는 금속 회로를 깔며 그 교차점마다 0과 1의 신호를 담는 '메모리 셀(아래 그림의 초록색 부분)'과 '셀렉터(아래 그림의 노란색 부분)'를 배치한다. 흔히 '적층 구조 방식'이라 부르는데 캠프파이어를 위한 장작이나, 성냥개비를 쌓아올린 모습을 상상하면 쉽다.

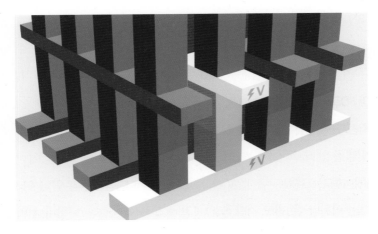

3D크로스포인트 구조

가로 세로로 배치된 회로는 각각의 '주소'를 갖게 된다. 특정 메모리 셀을 선택해 데이터를 접근시키려면 위쪽 와이어와 아래쪽 와이어에 전압을 걸어 전류를 흐르게 만든다. 좌표를 찍듯 가로 세로에 전압을 걸면 교차점에 있는 셀이 선택되는 것이다. 이는 마치 아파트 층수와 호수만 알면 그 집을 찾아갈 수 있는 것과 비슷하다. 이전 낸드 플래시는 블럭 단위로 데이터를 쓰고 지우는 탓에 불필요한 수정이 빈번했고, 그만큼 접근 속도와 수명도 줄어들 수밖에 없었다. 1,000배의 내구성은 '쓰기-지우기' 주기 수명 100만 회(낸드는 약 1,000회)에 달하는 것으로 거의 영원에 가까운 시간 동안 사용할 수 있다.

이 기술의 핵심은 독특한 적층 구조이다. 전통적 반도체 소자인 트랜지스터와 커패시터를 없앴다. 트랜지스터는 전류를 증폭하거나 흐름을 조절하고 커패시터는 데이터를 가진 전하를 저장한다. 한편 적층이 새로운 것은 아니다. 앞서 3D 낸드도 소개한 바 있다. 다만 낸드 플래시와 달리 3D크로스포인트 기술은 새로 개발된 소재와 교차점(crosspoint, 즉 Xpoint) 방식으로 넓은 공간을 확보했다. 셀을 촘촘하게 박아 넣을 수 있으니 이전 메모리보다 높은 집적도를 이룰 수 있다. 인텔은 현재 2층으로 되어있는 적층 구조를 3층, 4층으로 올린다는 복안을 갖고 있다. 2층 구조는 손톱만한 칩 하나에 1,280억 개의 셀을 심을 수 있다고 한다.

인텔은 엔터프라이즈 시장을 우선 타깃으로 삼았다. 조만간 이 기술을 채택한 SSD제품, '옵테인(Optane)'을 출시한다. 옵테인의 임의 읽기와 쓰기 수치는 기존 낸드 기반 SSD에 비해 5~7배 빠르다고 한다. 서버 등에 탑재되면 성능을 높일 수 있다. 모듈 제품도 출시한다. D램 슬롯인

DIMM(dual in-line memory module)에 바로 꽂는 이른바 비휘발성 메모리모듈(non-volatile dual in-line memory module, NVDIMM)이 등장한다. 'D램 없이' 시스템이 작동한다. 컴퓨터 구조가 완전히 바뀌는 것이다. 단점이 있다면 가격이 매우 비싸다는 것이다.

인텔은 1985년 D램 시장 철수를 선언하고 30여 년 만에 메모리 시장에 돌아왔다. 왕의 귀환이다. 제품의 안정성을 입증하고, 신뢰성이 상대적으로 높은 D램, 낸드 플래시를 대체하기까지 많은 시간이 필요하겠지만 업계는 긴장하는 분위기다. 특히 메모리 강국 한국에 위협이다. 인텔은 2017년 중국 다롄에 위치한 시스템 반도체 공장을 메모리 생산라인으로 전환한다고 발표하기도 했다.

4) M램, P램

지구가 하나의 거대한 천연 자석이라는 사실은 모두가 알 것이다. 지구의 자기적인 성질은 지구가 자전함에 따라 지구 중심부의 용암이 지각과 마찰하여 전기를 발생시키고, 이때 발생된 전기가 지구 내부를 흐르면서 지구를 거대한 자석으로 만드는 작용을 하기 때문이다.

도체 또한 마찬가지이다. 도선에 전류가 흐르면 그 위에 자기장이 형성된다. 이때 자력선은 도체를 중심으로 동심원을 그린다. 자력선의 방향은 전류의 방향에 따라 변화한다. 앙페르(Ampére, André Marie)의 오른나사법칙(Ampere's law)처럼 오른나사를 조일 때 나사의 진행 방향은 전류의 방향이, 나사의 회전 방향은 자력선의 방향이 된다.

M램(magnetic RAM)은 전류가 아닌 '자기장'을 이용하여 데이터를 저

장하는 방식이다. D램이 커패시티에 저장된 전자의 유무를 이용해 0과 1의 정보를 구분하지만, M램은 반도체 내부의 자기 메모리 셀의 자화[69] 방향에 따라 0 또는 1의 데이터 비트가 기록되는 메모리이다. 즉, 전기 신호가 아닌 자기 신호를 이용한다.

이 기술의 핵심은 빠른 속도와 초소형화이다. M램은 자기터널접합(magnetic tunnel junction) 구조를 갖는 두 개의 강자성체[70]를 이용한 간단한 구조로 기존 메모리 반도체에 비해 크기를 대폭 축소할 수 있다. 기술적 한계로 여겨지는 10나노 이하에서도 집적이 가능하다.

'M램 시대'를 연 것은 삼성전자이다. 2017년 초 삼성전자는 M램 기반의 SoC(system on chip) 시제품을 내놓았다. M램은 플래시 메모리보다 원가가 저렴하고, 빠르며, 크기도 작다.

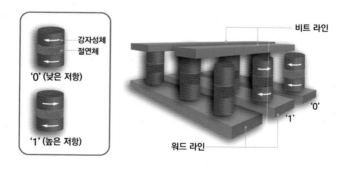

M램 구조

---

69) **자화(magnetization):** 물체가 자성을 지니는 현상.

70) **강자성체(ferromagnetic substance):** 외부에서 강한 자기장을 걸어주었을 때 그 자기장의 방향으로 강하게 자화된 뒤 외부 자기장이 사라져도 자화가 남아 있는 물질을 말한다. 철, 니켈, 코발트나 이들의 합금 등이 있다.

우주에는 4가지 물질 상태가 존재한다. 고체, 액체, 기체 그리고 제4의 물질이라는 플라스마(plasma)이다. 물질은 한가지 상(相, phase, 얼굴?)에서 다른 상으로 바뀔 수 있다. 주로 열을 더하거나, 뺄 때 이 변화가 생기는데 물을 끓이면 수증기가 되는 이치이다.

P램(phase-change RAM)은 상(phase) 변화(change) 메모리이다. 크리스털 등 상 변화 물질을 이용해 0과 1의 신호 변화를 얻는다. 즉 전류에 의한 온도 차이로 원자나 분자의 배열 상태가 규칙성이 있는 결정 상태일 경우 '0', 규칙성이 없는 비결정 상태일 경우 '1'을 얻는 방식이다. 삼성전자는 지난 2004년 세계 최초로 64메가바이트 P램을 개발했고, 앞서 소개한 인텔의 3D크로스포인트 기술 또한 P램을 접목한 것이다.

IBM의 TLC(triple-level cell) 상변화 메모리(출처: IBM)

M램과 P램이 차세대 메모리로 각광받는 이유는 전원이 끊겨도 정보가 사라지지 않는 비휘발성이고 속도와 내구성이 기존 메모리 반도체에 비해 수십 배에서 수백 배 높기 때문이다. 또 기존 메모리 반도체보다 내부 구조도 비교적 단순한 편이어서 극자외선(EUV) 노광장비[71]를 적용할 경우 이론적으로 2나노 수준까지 미세화가 가능하다고 한다.

차세대 메모리는 이미 많은 선행 개발과 시제품 생산으로 검증이 끝난 상황이다. 문제는 생산성의 확보다. 반도체 업계에서는 M램, P램에 진입하기 위해 미세화 수준과 신뢰도를 높이는 과제가 남은 것으로 관측하고 있다.

5) 대구경 웨이퍼

지난 40년간 D램 시장을 살펴보면 산업의 주도권이 〈미국 → 일본 → 한국〉 순으로 옮겨왔음을 알 수 있다. 특히 삼성전자는 1989년 16메가 D램 개발과 함께 8인치 웨이퍼를 업계 최초로 도입하면서 일본을 따돌리고 확실한 승기를 잡았다. 이전까지 반도체 업계가 사용한 웨이퍼는 6인치로 크기가 큰 웨이퍼를 쓰면 더 많은 반도체를 얻을 수 있기 때문에 경쟁력을 크게 높일 수 있었다.

공정 미세화와 3차원 기술의 적용으로 지속적인 생산성 향상을 도모하는 한편 웨이퍼의 크기를 키워서 반도체 생산 원가를 낮추고자 하는

---

71) **극자외선(EUV) 노광장비:** 13.5나노 파장의 극자외선(extreme ultraviolet light) 광원을 이용한 노광기이다. 공정 단계를 줄이면서 10 나노 이하의 미세 공정을 실현한다.

노력도 함께 진행되어 왔다. 공 웨이퍼가 팹에 투입되어 완성되기까지 약 1개월이 걸린다고 한다. 따라서 웨이퍼의 직경을 늘리면 1사이클에 생산되는 칩의 수는 증가하고 반도체 가격은 하락하게 된다. 현재 많이 사용하는 300mm(12인치) 웨이퍼는 200mm(8인치)에 비해 2.5배, 150mm(6인치)에 비해선 4배 생산량이 향상되었다.

웨이퍼 직경의 크기를 보면 〈100mm → 150mm → 200mm → 300mm〉로 진화해 왔으며, 가까운 시일 내에 450mm(18인치)로 업그레이드를 준비 중이다. 업계의 판도를 뒤바꿀 수 있는 도전인데 말처럼 쉬운 것은 아니다. 천문학적인 투자가 필요하다. 일반적으로 웨이퍼 라인 하나를 건설하는데 대략 8~10조 원(300밀리 웨이퍼 투입 기준 15만 장 생산)의 자금이 소요된다. 자금의 장벽을 극복했다 해도 공정기술 확보라는 또 다른 문제점에 봉착한다. 반도체 제조공정이 통상 수백 단계를 거치는데 새로운 크기의 웨이퍼를 적용하기 위해서는 각 공정에 대한 기술개발이 함께 이루어져야 하는 것이다.

한편 웨이퍼의 두께는 국제반도체장비재료협회(SEMI)가 표준을 정해놓고 있는데 직경 150mm의 경우는 두께 0.625mm, 200mm에서는 두께 0.725mm, 300mm에서는 두께 0.775mm로 되어 있다. 이처럼 두꺼운 웨이퍼는 후공정의 첫 작업인 백그라인딩(BSG) 작업을 통하여 얇게 갈리게 된다.

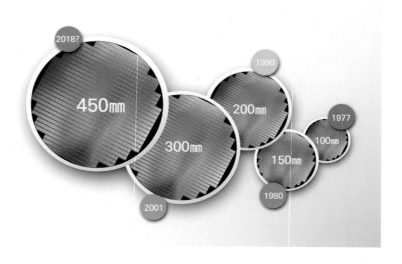

웨이퍼 크기의 변화

웨이퍼 크기가 바뀐다는 것은 앞서처럼 팹의 주요 설비를 교체해야 한다는 뜻이다. 여기에는 막대한 자금이 필요하다. 그러나 웨이퍼당 생산성이 크게 늘어나므로 팹들은 지속적으로 크기를 키우고 있다. 삼성전자, SK하이닉스를 비롯해 IBM, 인텔, TSMC, 글로벌파운드리스 등이 450㎜ 웨이퍼 전환 기술 개발에 들어갔다. 그러나 450㎜ 전환시기는 아직까지 불투명한 상태이며 2018년경 이후에야 현실화될 것으로 조심스럽게 예측하고 있다.

2016년 말 국제반도체장비재료협회(SEMI)는 2016년 실리콘 웨이퍼 면적 출하량을 101억 제곱인치로 전망했다. 이는 전년 대비 3%이상 확대된 수치다. 향후 전망도 낙관적인데 스마트 기기의 확대 및 사물인터넷

시장의 출현으로 지속적인 성장이 이어질 것으로 예측하고 있다.

이상으로 팹 수준의 미래 신기술을 돌아보았다. 고층빌딩을 쌓고, 회로구조를 뒤바꾸며, 전혀 새로운 소재와 기상천외한 신호방식도 등장했다. 공통점이 있다면 더 작고, 빠르며, 비휘발성 메모리를 만들어내는 것이다. 하지만 한계가 있다. 반도체 집적기술이 나날이 발달하고 있지만, 우리 삶은 더 빠르게 디지털 세상으로 빠져들고 있기 때문이다.

이어지는 단락은 패키지이다. 더불어 또 다른 미래 신기술을 소개할 것이다. 무어의 법칙을 이어나갈 고도의 패키지 기술과 소재혁명을 가져올 그래핀, 그리고 마지막으로 슈퍼컴퓨터의 한계를 뛰어넘는, '양자기술'을 선보일 것이다. '쉽지만, 깊이 있는', 이 책 표지글 그대로, 독자 여러분은 어느덧 반도체 완전정복을 이루게 되었다.

2. 패키지 기술 및 기타

디지털 혁명을 논할 때 빠지지 않는 것이 있다. 바로 무어의 법칙이다. 반도체를 '좀' 안다 하는 이들에게 무어의 법칙은 상식에 속한다. 인텔의 공동 설립자인 고든 무어가 발표한 이 법칙은 "반도체 집적회로 속 단위면적당 트랜지스터의 수가 매 18개월마다 2배씩 증가한다"는 것이다. 즉 단위 칩당 넣을 수 있는 트랜지스터의 수가 2배씩 늘어나므로 처리 속도, 메모리 양도 덩달아 2배가 된다는 것이다.

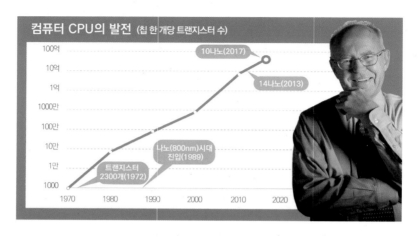

컴퓨터 CPU의 발전 (칩 한 개당 트랜지스터 수)

- 100억
- 10억
- 1억
- 1000만
- 100만
- 10만
- 1만
- 1000

10나노(2017)

14나노(2013)

나노(800nm)시대 진입(1989)

트랜지스터 2300개(1972)

1970 · 1980 · 1990 · 2000 · 2010 · 2020

컴퓨터 중앙처리장치(CPU)의 발전

1960년대의 전문가들은 한결같이 무어의 기하급수적 성장 법칙을 비웃었다. 무어의 법칙대로 된다면 컴퓨터의 계산능력이 40년 안에(약 2000년) 수억 배 이상 커져야 하니 당시 사람들이 그렇게 불신했던 것도 무리는 아니다. 그런데 바로 그와 같은 기적이 벌어졌다. 오늘날 흔히 볼 수 있는 디지털 카메라 한 대에는 1950년대에 전 세계가 사용한 것보다 더 큰 계산 용량을 지닌 칩이 들어간다. 그가 근무했던 인텔의 마이크로프로세서(CPU) 속의 트랜지스터 수도 1970년대 이후 20년간 10만 배 늘어 그의 법칙을 꾸준히 증명했다.

한편 소비자가 체감하는 비용은 18개월마다 절반씩 낮아졌다. 성능은 2배씩 좋아지지만 가격은 그대로였으므로 더 좋은 프로세서와 용량이 큰 메모리를 예전 가격에 살 수 있는 시대가 된 것이다. 무어의 법칙은 30년 이상 지켜져 왔다.

2002년 국제반도체회로학술회의에서 당시 삼성전자 반도체 총괄을 맡고 있었던 황창규 사장이 '메모리 신성장론'을 발표하였다. 그 내용은 "반도체의 집적도는 1년에 2배씩 증가한다"는 것으로 무어가 예측한 18개월을 다시 1년으로 단축했다. 이를 그의 성을 따서 '황의 법칙(Hwang's Law)'이라고 부른다.

실제 삼성전자는 1999년에 256M 낸드 메모리를 개발하고, 2000년 512M, 2001년 1G, 2002년 2G, 2003년 4G, 2004년 8G, 2005년 16G, 2006년 32G, 2007년 64G 제품을 개발하여 그 이론을 실증하였다. 무어의 법칙을 깬 새로운 이론을 제시하였고 삼성전자는 이것을 실제로 실현함으로써 메모리 반도체 시장에서 세계 1위의 독보적 위치를 차지하게 된 것이다.

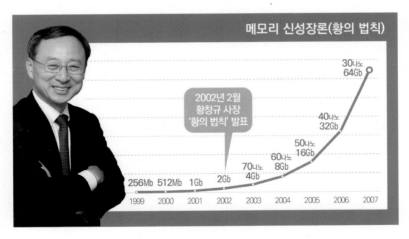

메모리 신성장론(황의 법칙)

반도체의 발달은 수요 견인형이다. 80년대에는 반도체가 컴퓨터를 중심으로 사용되었으나 90년대부터는 정보통신 분야에 널리 활용되며 반도체 전성기를 맞게 된다. 정보통신 수요의 증가는 더 빠른 메모리를 요구하였고 12~18개월마다 집적도가 2배씩 향상된 것이다.

오늘 최신 스마트폰을 사면 내일이면 구모델이 되어버리는 현실처럼 반도체 발(發) 기술혁신은 빛처럼 빠르게 진행되고 있다. 반도체의 궁극의 목표는 사람 두뇌와 같은 성능을 갖는 것인데 '무어의 법칙', '황의 법칙'이 현재 진행형으로 이어간다면 그 날도 멀지 않았음을 실감한다. 이 단락에서는 무어의 법칙을 이어나갈 패키지 신기술 등을 소개한다.

1) TSV

앞서 3D 낸드로 고층빌딩을 이루었다면 TSV는 고속의 엘리베이터를 놓는 것이다. 여러분은 반도체 제조공정을 통해 와이어 본딩(wire bonding)공정을 기억할 것이다.

TSV는 'through silicon via'이다. "실리콘을 관통하는 홀을 사용하는 적층"이라는 뜻이다. 요약하면 칩 사이의 와이어(wire) 연결을 칩을 관통하는 홀(via)로 대체하는 것이다. 다음 그림에서 보면 와이어 대신 수백 개의 홀(via)을 볼 수 있다. 홀을 관통한 전극은 솔더 볼을 통해 기판과 연결된다.

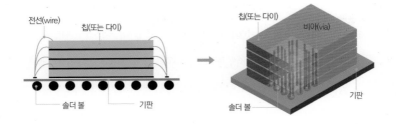

와이어 본딩과 TSV

TSV는 어떤 장점이 있을까? 첫째, 전자들의 이동거리가 극히 짧아진다. 당연하다. 와이어를 이용한 멀고 먼 국도를 터널로 쭉 가로질러 놓은 것이다. 전자의 이동이 빠르다는 것은 고속의 인터페이스, 전력 소모를 줄일 수 있다는 의미다.

둘째, 멀티 칩 패키지(multi chip package, MCP)가 용이하다. 여러 개의 칩, 여러 종류의 칩을 3차원으로 쌓아 고용량, 고성능의 반도체 패키지를 만들 수 있다. 'D램+D램', 'D램+낸드', 'D램+프로세서+센서' 등 수많은 조합이 가능하며 향후 세트를 만드는 데 필요한 모든 반도체를 하나의 통합 패키지로 만들 수 있다.

마지막으로 패키지의 트렌드는 CSP(chip size package)라 했다. 칩과 패키지의 크기가 대동소이하다. 여러 반도체를 와이어 본딩이나 배선으로 연결하려면 상당한 면적이 필요한데 TSV로 연결하면 칩 면적이 패키지 크기이다. 스마트폰, 웨어러블 기기 등 소형화가 필요한 패키지에 꼭 필요한 기술이다.

2014년, 삼성전자는 세계 최초로 3차원 TSV 기술을 적용한 64GB

차세대 DDR4 서버용 D램을 양산한다고 밝혔는데 기존의 전선연결 패키징 방식에 비해 속도와 소비전력, 면적을 크게 개선했다고 발표했다.

한편 이 작업은 패키지 기업이 담당해야 할 몫이다. 그러나 웨이퍼에 구멍을 뚫고, 구멍에 구리 코팅을 하는 작업에는 팹에서 사용하는 고가의 장비와 기술이 필요하다. 패키징 장비는 팹 장비에 비해 저렴하였으나 TSV로 넘어가면 팹 장비에 준하는 고가의 장비를 도입해야 하므로 패키지 업체로서는 매우 곤혹스러운 투자가 될 것이다.

2) FoWLP

문명의 이기 스마트폰은 지속적인 혁신의 대상이다. 잘 설계된 AP뿐만 아니라 하드웨어 또한 보다 얇고, 가벼워야 한다. 스마트폰의 가장 큰 고민은 배터리이다. 배터리를 많이 넣으면 사용시간이 길어지는 반면 무게와 두께는 불리해진다. 스마트폰 기업의 설계 철학은 한결같다. 작지만 성능 좋은 하드웨어를 만들어내는 것이다.

2016년 아이폰7이 출시됐다. 두께와 무게를 줄이기 위한 많은 노력이 엿보인다. 주요 부품을 살펴보면 퀄컴을 비롯해 브로드컴, 삼성전자, SK하이닉스 등의 제품이 탑재됐다. 삼성과 SK하이닉스는 메모리 반도체를 공급했고 칩 패키징은 대만 TSMC가 맡았다. 주목할 점은 새로운 칩 어셈블리 방식이다. 두뇌에 해당하는 AP뿐만 아니라 프로그래머블 반도체(FPGA), 전력관리칩(PMIC), D램에 이르기까지 FoWLP(fan-out wafer level packaging)라는 첨단 패키징 기술을 최초 도입했다.

FoWLP를 설명하기 앞서 WLP(wafer-level packaging)를 되짚어보자.

WLP는 말 그대로 '웨이퍼 단계에서 구현한 패키지'라는 뜻이다. 웨이퍼를 절단하고 전선을 연결하는 기존 방식(die-level packaging)과 달리 웨이퍼 상에 보호막을 입힌 후 회로 및 접점을 그려 넣어 솔더 볼 등을 올리는 방식이다. 이런 일련의 과정을 범핑(bumping)이라 했다.

그렇다면 팬 아웃(fan-out)은 무엇일까? 팬아웃은 웨이퍼에 형성하는 범프(bump), 즉 입출력(I/O) 단자를 칩 안과 바깥쪽 모두에 배치시키는 기술이다.

통상적 WLP는 WLCSP(wafer level chip scale package)와도 같은 의미로 쓰인다. 패키지 크기가 칩 사이즈 정도이다. 즉 패키지 입출력 단자가 칩 안쪽에 배치된다. 이 때문에 팬인(fan-in) 방식이라고도 하는데 여러 한계가 있다.

팬인 WLP와 팬아웃 WLP

칩의 집적도가 높아지면 입출력 단자가 늘어나는 반면, 칩 면적은 좁아진다. 이 상황에서 필요한 입출력 단자를 배치하려면 범프 크기와 피치(pitch) 역시 줄여야 하는데 쉽지 않다. 표준화된 볼 레이아웃을 사용할 수 없기 때문이다. 결국 협력사와 그때 그때 특수 맞춤으로 대응해야 하는데 이는 원가 상승을 초래한다. 이런 문제를 해결하기 위해 고안된 것이 팬 아웃 방식이다. 칩 내·외각(fan in-out)에 입출력 단자를 확대 배치시켜 다량의 전기신호를 보내는 것이다.

팬아웃을 이해하기 위해 공정별로 접근해 보자. 우선 웨이퍼 상의 개별 다이를 별도의 원형 트레이(접착 테이프가 붙어있는 금속판)에 '일정 간격'을 두고 옮겨 재배열한다. 이때 인쇄된 회로 칩 상단이 아래로 향하게 한다. 다음으로 금속판 상면부 전체를 몰딩한다. 금형 속에 집어넣고 에폭시 수지를 녹여 부은 후 굳히면 된다.

다음으로 접착 테이프가 붙어있는 금속판을 떼어낸다. 그러면 성형된 몰드 아래로 회로가 인쇄된 격자 모양의 칩이 노출될 것이다. 다음은 앞서의 범핑(bumping) 공정과 같은데 중요한 차이가 있다. 칩 회로 '내·외곽'에 범프를 올려 완성시키는 것이다. 마지막으로 각 칩을 다이싱하면 아래 그림과 같은 최종 제품이 만들어진다.

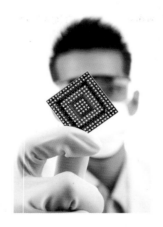

팬아웃 패키지(FoWLP). 칩 내 외곽에 솔더 볼이 배치되어 있다.

스마트폰에 팬 아웃 기술을 적용한 것은 아이폰7이 처음이다. 이는 단순한 패키지의 박형화가 아닌 반도체 실장기술의 일대 전환점이 될 가능성이 크다. 특히 PCB 없는 반도체가 현실화되면서 PCB 시장의 급속한 위축이 우려된다. 반도체용 PCB는 PCB 가운데에서도 가장 고부가 제품으로 시장 규모만 84억 달러에 이른다.

FoWLP는 사물인터넷, 웨어러블 디바이스 산업의 큰 기폭제가 될 것이 분명하다. 시장조사기관 〈프리마크〉에 따르면 FoWLP 시장 규모는 2016년 4억 달러에서 2020년 17억 달러에 이르며 연평균 89% 성장하고, 수량 기준으로는 2016년 4억 4천만 개에서 2020년 20억 개로 연평균 69% 성장할 것으로 전망했다.

한편 삼성전자는 FoPLP(fan-out panel level package)라는 새로운 팬 아웃 기술을 선보였다. 삼성의 패널 방식은 칩을 재배열하는 트레이가 원형이 아닌 사각의 패널을 적용함으로써 공간 효율을 극대화했다. FoWLP는 기판의 15%를 버리지만 FoPLP는 버리는 면적이 5%에 불과한 것으로 알려졌다. 원가도 절감되고 생산성도 높다.

3) EMI 차폐기술

현대 과학문명을 밝힌 가장 위대한 발명품은 무엇일까? 바로 '전기'이다. 우리가 가장 많이 사용하는 에너지원이 전기이다. 한편 19세기 패러데이(Michael Faraday)가 전기산업의 중요성을 강조할 때 주변 모두가 외면했다. 이런 일화가 있다. 당시 영국 총리였던 글래드스턴은 "이걸 어디에 쓰겠는가?"라고 패러데이에게 반문했다. 백열전구가 발명되기 한참

전의 일이다. 패러데이는 이렇게 대답했다고 한다. "글쎄요.... 먼 미래 장관님은 전기 때문에 세금을 내셔야 할지도 모릅니다."

여러분은 전자파라는 용어에 익숙할 것이다. 전자파는 원래 '전기자기파(電氣磁氣波)'를 말하는데 전기를 생산하거나 공급, 소비하는 과정에서 발생한다. 즉, 전기를 사용하는 모든 전자제품에서 전자파가 발생한다는 것이다.

전자파의 유해성에 대하여 논란이 많다. 전자파는 세계보건기구(WHO) 발암물질 기준 2B 등급으로 인체에 유해한 정도가 커피나 김치, 젓갈 등과 같다고 한다. 스마트폰은 가장 많은 전자파를 방출한다. 전자파의 양은 물론이고 신체에 접촉하는 기기의 특성상 유해성 논란이 무엇보다 뜨겁다. 학자들은 뇌에 직접적인 영향을 주어 뇌종양 등의 발병 확률을 높인다고 주장하는 반면, 일부에서는 전자파가 문제가 된다면 그보다 훨씬 높은 주파수와 강도를 가지고 있는 태양의 빛으로 인해 인류는 벌써 멸망했을 것이라고 말한다.

전자파 간섭(electro magnetic interference, EMI) 차폐(shielding)는 팬아웃과 함께 최근 반도체 패키징 분야에서 가장 뜨거운 기술 키워드다. EMI는 '전자파 간섭', '전자파 장애'를 의미한다. 전자파의 인체 유해성과 별개로 전자장치가 작동하면 전자파의 영향으로 주변 회로기능을 약화시키고 동작을 불량하게 하여 전자기기의 고장을 일으킬 수 있다.

최근 전자기기의 사용이 증가하며 다양한 반도체가 탑재되고 있다. 특히 기기의 경박단소화 추세에 따라 칩 크기는 줄고 회로기판은 더욱 오밀조밀해졌다. 칩 크기가 줄고 칩 실장 거리를 좁히면 남는 면적을 배터리에 할애해서 사용시간을 더 늘릴 수도 있을 것이다. 하지만 문제도 있다. 칩의 간격이 좁아질수록 전자파로 인한 칩 간 혹은 주변 부품 간의 오작동 가능성 또한 높아질 수 있다.

애플이 적극 나섰다. 애플은 애플워치의 핵심 칩 패키지 'S시리즈'에 EMI 차폐기술을 적용했다. 아이폰7용 핵심 칩에도 EMI 차폐 공정을 적용했다. 반도체 EMI 차폐는 패키징 표면에 초박(~10마이크로미터) 금속을 씌우는 공정이다. 주로 스퍼터링(sputtering, 박막증착) 방식을 사용하는데, 스퍼터링은 팹 공정에서 많이 쓰이는 진공 증착법의 일종으로 재료에 물리력을 가해서 대상 표면에 박막을 고르게 증착시키는 방식이다. 과거에는 박스 형태의 금속차폐물로 블록 단위 부품을 덮어씌우는 메탈 캔(metal can) 방식이 주로 사용됐다. 크기와 두께, 무게에서 절대 불리할 수 밖에 없다.

EMI 차폐. 캔(metal can)을 클립에 끼워 덮어 씌운다.

삼성전자와 SK하이닉스는 잉크 형태 재료를 사용하는 스프레이 (spray) 차폐 기술을 개발하고 있다. 스프레이 방식의 경우, 장비 가격이 스퍼터링 방식(30억 좌우)에 비해 상대적으로 저렴하고 다양한 형태의 제품에 대응할 수 있다는 장점이 있다. 양사는 2017년 중 양산라인을 구축할 예정이다.

〈BCC 리서치〉에 따르면 2015년 글로벌 전자파 차폐 시장의 규모가 56억 달러에서 연평균 4.4%씩 성장하여, 오는 2019년에 66억 달러 규모로 성장할 것으로 전망되고 있다. 이는 웨어러블 기기와 사물인터넷 등 IT 산업이 성장함에 따라 전자파 차폐의 중요도가 높아짐에 따른 것이다.

4) 꿈의 신소재, 그래핀

"석탄과 다이아몬드는 같은 성분이다. 영화에서 슈퍼맨은 석탄을 다이아몬드로 바꾸어 놓는다."

연필심에 사용되는 흑연은 탄소가 벌집 모양의 육각형 그물처럼 배열된 평면의 층 구조인데 이 흑연의 한 층을 '그래핀(graphene)'이라 부른다. 그래핀은 2004년 영국의 가임(Andre Geim)과 노보셀로프(Konstantin Novoselov) 연구팀이 상온에서 투명테이프를 이용하여 흑연에서 그래핀을 떼어내는 데 성공하면서 발견되었고 그 공로로 2010년 노벨 물리학상을 받았다.

"테이프로 그래핀을 떼어내었다?" 이해하기 힘들 것이다. 그래핀의 처음 발견은 매우 단순했다. 우리가 흔히 쓰는 테이프에 흑연을 붙이고, 이렇게 붙은 흑연에 또 다른 테이프를 붙였다 떼어내기를 반복하면 여러 층이었던 흑연 탄소 구조가 한 층의 흑연 구조로 남게 되는데 이것이 바로 그래핀이다.

탄소는 결정 구조 및 형상에 따라 여러 이름을 가진다. 평면의 한 층 구조를 그래핀이라 하고, 그래핀을 말아 원통으로 만들면 탄소나노튜브(carbone nanotube)가 된다. 공처럼 둥글게 말려 있으면 풀러렌(fullerene)이 되고, 3차원 구조로 형성되면 값비싼 다이아몬드가 되는 것이다. 슈퍼맨의 기적은 원자 배열의 차이라 볼 수 있다.

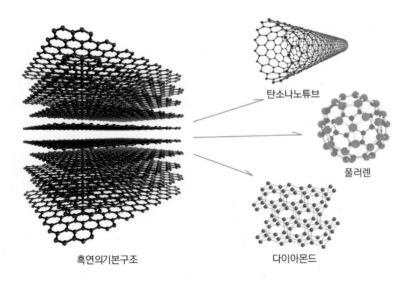

탄소나노튜브

풀러렌

흑연의기본구조

다이아몬드

흑연의 기본 구조

정보화 사회가 진행되고 수많은 정보기기가 개발되었지만 그것이 가능하게 된 핵심기술은 소프트웨어보다 하드웨어적인 돌파 때문인 경우가 많다. 특히 핵심소재의 역할은 기술 장벽을 넘는 결정적인 요소다. 컴퓨터 속도를 높이려면 전자의 이동 속도가 높은 재료가 필요하다. 그런데 반도체 회로를 통과하는 전자의 속도가 빨라질수록 발생하는 저항발열이 높아져서 회로가 녹아버릴 수도 있다. 결국 컴퓨터 속도가 증가하려면 반도체 소재가 함께 발달해야만 한다.

그래핀은 두께가 0.2나노미터로 눈에 보이지 않을 정도로 얇지만, 구리보다 100배 이상 전기가 잘 통하고 실리콘보다 100배 이상 전자 이동성이 빠르다. 하지만 강도는 강철보다 200배 이상 강해 열 저항이 매우 높다. 특히 빛을 대부분 통과시키기 때문에 투명하며 신축성도 매우 뛰어나다. 이러한 특성에 따라 그래핀은 매우 다양한 분야에서 활용될 수 있다.

실리콘 기반의 반도체는 앞의 설명처럼 10나노대에서 어려움을 겪고 있다. 이러한 실리콘의 문제점을 극복할 수 있는 것이 그래핀이다. 소재를 아예 바꾸는 것이다. 그래핀 반도체는 이론상 실리콘 반도체보다 처리 속도를 142배까지 높일 수 있다고 한다. 그러나 아직 실험실에서의 연구 결과일 뿐 실용화까지는 다소 시간이 더 필요할 것으로 보고 있다.

한 가지 특징적인 것은 실리콘의 경우, 자연 상태에서 전기가 거의 흐르지 않는 부도체에 가까우므로 특정 조건에서 전기가 잘 흐르게 하는 기술이 필요했다. 하지만 그래핀은 구리보다 훨씬 전도성이 높은 도체로서 실리콘과 달리 특정 조건에서 전기를 흐르지 않게 하는 기술이 필요할 것이다.

한편 그래핀은 디스플레이의 혁명을 가져올 것이다. 딱딱하고, 평평한 기존 디스플레이 대신 접히고 휘어지는 감성적인 스크린이 대거 출시될 것이다. IT업계의 공룡인 삼성과 애플은 소재산업의 혁명을 가져올 그래 핀 패권 전쟁을 벌이고 있다. 그래핀이 상용화되는 10년 후, 만약 이 책 이 재출간된다면 책의 제호는 어떻게 써야 할지 고민이다.

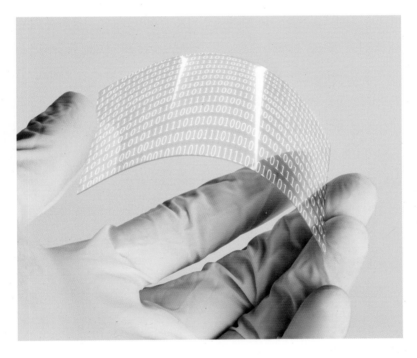

플렉시블(flexible) 투명 디스플레이

5) 양자역학, 양자컴퓨터

양자를 적고 있으니 책의 끝자락이다. 양자, 양자역학, 양자컴퓨터, "휴~" 이름만 들어도 머리가 아프다. 양자가 만약 양자택일(choose either

A or B)이었다면 본 단락은 분명 빠졌을 것이다.

양자역학은 눈에 보이지 않는 미시의 세계를 다루고 있다. 따라서 개념 잡기가 쉽지 않다. 눈에 보이는 것도 이해하기 힘든 세상인데 눈에 보이지 않는 세상을 이해하는 것은 더 어렵다. 한편 양자기술은 반도체와 다르다. 회로기술도 아니며 따라서 실리콘 트랜지스터도 사용하지 않는다. 무어의 법칙도 철저히 무시된다. 그럼에도 연산의 측면에서 양자기술은 컴퓨팅과학의 정점이자 인간 최후의 오버테크놀로지가 될 것이다. 한편 전자공학은 자유로운 전자를 연구하는 학문이며 바로 전자는 양자 세상에 존재한다.

양자역학, 양자컴퓨터를 말하기 전에 양자에 관해 알아보자. 앞서 우리는 원자에 대해 배웠다. 우주의 기본 입자인 원자는 원자핵을 중심으로 전자가 '띄엄띄엄' 따로 떨어져 있다. 마치 태양계의 행성과 같은데 중요한 차이가 있다. "전자의 궤도는 특정 반지름의 위치에만 존재한다"는 것이다.

예를 들어보자. 반도체 재료인 실리콘 원자(원자번호 14, 원자량 28.086)는 아래 그림과 같이 원자핵을 중심으로 3개의 궤도에 전자가 존재한다. 그런데 만약 원자가 빛을 받으면 안쪽 전자가 바깥쪽으로 이동하게 되는데 앞서의 설명처럼 궤도와 궤도 사이에 전자가 존재할 수 없으므로 안쪽 궤도에서 갑자기 사라진 전자가 바깥쪽 궤도에 동시에 나타난다. 마치 중첩(동시에 존재?)되었듯이 말이다. 신출귀몰한 양자의 성질은 파동을 통해 좀 더 이해할 수 있다.

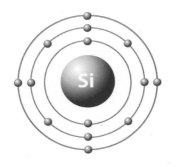

규소(Si)의 원자 구조

잔잔한 호수에 돌을 던져 보자. 돌이 던져진 지점을 중심으로 원형 모양의 물결이 가장자리로 퍼져 나간다. 어떤 진동이 주위로 전파되어 나갈 때 이를 파동(wave, 波動)이라 한다. 이때 물결 위에 종이배를 띄워보자. 언뜻 물결치는 방향으로 종이배가 흘러갈 것 같지만 실제는 제자리에서 오르락내리락을 반복할 뿐이다. 즉 파동은 에너지를 전파할 뿐(마치 '도미노'처럼) 매개 물질을 직접 이동시키지는 않는다. 앞서의 전자처럼 말이다.

양자(quantum)란, 물리량이 어떤 연속적인 값을 취하지 않고 디지털처럼 정수배로 나타내질 때 이 단위가 되는 양(量)을 말한다. 빛 알갱이(광자)가 아니다. 'quantum'은 양을 의미하는 'quantify'에서 온 말로, 무엇인가 '띄엄띄엄' 떨어진 양으로 존재하고 있는 것을 말한다. 요즘 퀀텀 점프(quantum jump, 양자도약)라는 말을 종종 하는데 역시 전자의 이동처럼 순식간에, 놀랄 만한 도약을 일컫는 말이다.

용어는 중요치 않다. 우리는 눈에 보이지 않는 미시세계를 주목한다.

1나노는 10억분의 1이다. 1나노미터는 10억분의 1미터로 머리카락 두께의 7만분의 1 정도이다. 원자는 더욱 작다. 1나노미터의 1/10이다. 탄소원자 50만 개를 쭉 늘어놓으면 머리카락 두께 정도가 된다.

우리가 사는 세상은 물리법칙이 존재한다. 뉴턴의 만유인력 같은 것이다. 이것을 고전역학이라 한다. 그런데 우리 눈에 보이지 않는 작은 입자의 세계에서는 우리가 일상적으로 겪는 자연 현상과는 다른 현상을 보인다. 이를 물리학에서는 양자역학으로 분류하는데, '양자 중첩(quantum superposition)'과 '양자 얽힘(quantum entanglement)'이 대표적이다. 양자 연산은 바로 이 두 가지 원리를 이용한 것이다.

양자 중첩이란 하나의 입자가 여러 개의 상태로 여러 곳에 존재한다는 것이다. 앞서 전자의 중첩처럼 말이다. 양자 중첩은 이중슬릿실험[72]을 통해 입증되었다. 전자는 입자의 성질과 파동의 성질을 동시에 가지고 있다는 것이다. 양자 중첩을 설명하는 재미난 예가 슈뢰딩거(Erwin Schrodinger)의 고양이이다. 각색하여 요점만 정리한다.

질문) 독극물을 넣어둔 상자 안에 고양이를 넣었다. 고양이 생사는 어떻게 될까?

고전역학: 고양이는 살아 있거나 혹은 죽어 있거나 둘 중 하나.

---

72) 이중슬릿실험: 입자와 파동의 이중성을 측정하는 실험으로, 이중슬릿을 통과한 전자가 관찰자가 있는 경우 입자의 성질을, 없는 경우 파동의 성질을 갖는 것을 말한다. 19세기 초 토머스 영(Thomas Young)은 광자를 대상으로 한 이중슬릿실험을 통해 파동을 정의한 바 있다.

양자역학: 고양이는 살아 있는 상태와 죽어 있는 상태가 중첩되어 있다.

슈뢰딩거의 고양이

상자를 열게 되면 고양이는 죽어 있거나, 살아 있거나, 2개만 존재한다. 즉 관측과 동시에 상황은 고정된다. 하지만 상자를 열기 전의 고양이는 어떤 상태일까? 반 죽어 있는 혼수상태의 고양이? 아니다. 오직 확률로만 존재하는 것이다. 바로 중첩의 상태다.

그렇다면 양자 중첩은 왜 일어나는가? 아직까지 밝혀진 바 없다. 거시적인 세상에서 양자역학은 절대 설명될 수 없다. 아인슈타인도 "신은 주사위를 던지지 않는다"며 확률론적 중첩을 죽을 때까지 거부했다(거부보다는 뭔가 다른 이유가 있을 것으로 생각). 그럼에도 고전역학으로 설명할 수 없는 것이 양자의 세상이며 우리가 사는 세상이다.

그렇다면 중첩은 연산에 어떻게 작용할까? 전통적인 컴퓨터는 비트에 기반을 두고 1개의 비트는 0혹은 1이 될 수 있다. 앞서 배운 바와 같다.

그러나 양자는 'quantum bit' 즉 큐비트(qubit)에 기반을 두고, 1개의 큐비트는 1 과 0의 값을 동시에 가진다. 중첩이다. 그렇다면 2개의 큐비트는 동시에 4가지 값을 가질 수 있다. 00, 01, 10, 11과 같은 식이다. 큐비트를 계속 늘리면 2의 N승만큼 증가하고 정보처리 능력은 획기적으로 증가할 것이다.

양자 얽힘은 '이심전심(以心傳心)' 현상이다. 앞서 큐비트는 1과 0의 중첩의 값을 갖고 그만큼 처리 속도가 빠르다고 했는데 연산이 아무리 빠른들 우리가 원하는 또 다른 큐비트의 조합을 찾으려면 역으로 많은 시간이 소요되지 않겠냐는 의문이 든다. 이 의문은 양자 얽힘으로 대답할 수 있다.

물리에서 "얽혀 있다"는 것은 서로 영향을 주고받을 수 있음을 의미한다. 즉 서로 얽혀진 양자의 경우 어느 한 쪽의 값이 정해지면 다른 쪽도 즉각 영향을 받는다는 것이다. 시공간을 초월한다. 양자 얽힘은 1997년 첫 입증 이후 2012년 중국이 97킬로미터, 유럽이 143킬로미터 거리에서 양자 얽힘을 실험으로 증명해 냈다.

자 그럼 양자연산의 위력을 알아보자. 속도와 저장 능력이다. 예를 들어, 월드컵 예선을 위해 100개국이 축구경기를 한다면, 한국과 일본, 미국과 중국, 프랑스와 브라질 등 각 국가는 총 50번의 경기를 통하여 1차 승자를 가려낸다. 그런데 공교롭게도 경기장이 딱 하나이다. 오전, 오후 꼬박 경기를 치러도 25일은 소요될 것이다. 그런데! 50개의 경기장이 '뚝 딱' 만들어졌다. 동시에 모든 경기가 치러져 불과 2시간 만에 모든 승자가 가려졌다.

양자연산은 0과 1, 즉 비트별로 차례차례 계산하는 실리콘 반도체와 달리 여러 비트를 '한 번에' 계산(병렬연산)할 수 있다. 2의 비트 수 제곱만큼 계산이 빨라지게 되는데 8큐비트의 경우 2의 8제곱 배, 즉 256배만큼 빠른 계산이 가능하고, 32큐비트면 2의 32제곱 배로 43억 배 빨라진다. 사실 '억 배'라고 하면 잘 실감이 나지 않을 텐데, 예를 들어 32큐비트 양자컴퓨터 한 대면 전 세계 30억 명이 가진 펜티엄 컴퓨터를 합친 것보다 빠른 계산을 할 수 있다.

저장 측면을 살펴보자. 대한민국이 잘하는 분야이다. 인간의 세포 수는 얼마일까? 영아는 30조 개, 성인은 70조 개 정도이다. 세포의 크기는 10마이크로미터 정도이다. 그런데 세포는 분자로, 분자는 원자로 되어 있다. 사람 몸의 원자 수는 10의 28제곱, 즉 1조의 1경 배(???)이다. 실리콘 반도체는 10나노대에서 이미 한계를 드러내고 있다. 단위 면적에 더 많은 트랜지스터를 넣는 고전적인 방식으로는 무어의 법칙을 이을 수가 없다. 그럼 원자를 기억소자로 사용하면 어떨까?

한국 기초과학연구원(IBS)은 2017년 3월, 원자에 정보를 저장하고 읽는 방법을 개발했다고 밝혔다. 실리콘 트랜지스터 대신 이제 원자를 이용할 수 있다는 뜻이다. 홀뮴(Ho3)은 외부 자극으로 자성이 바뀌는 원자다. 자기장 영향을 받으면 내부 자성 방향이 위·아래 두 방향으로 바뀐다. 이런 스핀현상을 이용해 0과 1 즉, 디지털 신호처리가 가능하다는 것이다. 최신(2016년) CPU 제조공정 선폭은 14나노이다. 반면 홀뮴 원자 크기가 0.175나노미터로 집적도가 10만배 증가한다. 손톱만한 메모리 카드하나에 전 세계 유튜브 영상을 모두 담을 수 있을 것이다.

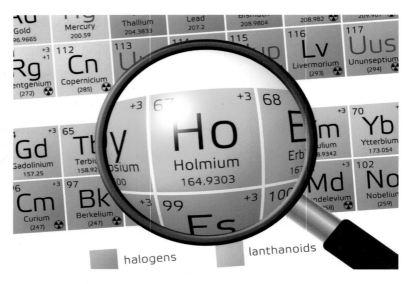

홀뮴(Holmium). 자기 모멘트(magnetic moment)가 가장 큰 원소이다.

나노의 시대를 넘어 양자의 시대가 성큼 왔다. 커다란 바위를 깎아 피라미드를 만들고 돌덩이를 깎아 반도체를 만들었다. 현대 과학기술의 발전은 이제 양자의 세상, 극한의 미시세계로 빠져들고 있다. 양자컴퓨터는 1980년대 초반 물리학자이며 노벨 물리학상을 받은 리처드 파인만(Richard Feynman) 교수가 기본 개념을 제시했다. 당시에는 하나의 아이디어로만 여겨졌으나 1999년 일본의 NEC 기초연구소에서 양자컴퓨터의 회로를 만들 수 있는 응집 물질 개발을 발표하면서 이론상으로만 존재하던 양자컴퓨터가 현실 세계로 나왔다.

양자컴퓨터는 전 세계 컴퓨터 산업계의 가장 큰 이슈이다. 오랜 기간 양자컴퓨터 개발을 위해 협력하고 있는 구글과 나사는 2015년 12월, 기존 컴퓨터와 비교해 처리 속도가 1억 배나 빨라진 양자컴퓨터를 소개했다. IBM은 2016년 5월, 누구나 인터넷을 통해 접근할 수 있는 5큐비트 양자컴퓨터를 공개했다. 한국에서도 국가슈퍼컴퓨팅연구소를 통하여 2큐비트 양자컴퓨터가 실험적으로 만들어졌다.

캐나다 D-wave 사가 만든 양자컴퓨터(2011년). 영하 200도 이하에서 발생하는 물질의 양자화 현상을 이용했다고 한다(출처: D-wave).

한국 반도체 산업의 과제

1. 문명 서진설

"인류 문명의 중심은 태양의 궤도를 따라 동에서 서로 이동한다." 토인비(Arnold Joseph Toynbee)가 주장한 이른바 문명 서진설(文明西進說)이다.

인류의 4대 문명, 즉 중국, 메소포타미아, 이집트, 인도 문명은 기원전 4000년경 모두 동방에서 발원했다. 그 후 기원전 1300년경부터 서쪽으로 이동해 그리스, 로마 문명이 발원하였고, 16~19세기에는 산업혁명을 이끈 영국, 프랑스, 스페인, 독일 등 서유럽 국가들이 세계를 제패하였다. 그리고 20세기에 들어 신대륙의 미국으로 패권이 넘어간다. 그렇다면 가까운 미래는 어떨까? 문명 서진설에 따라 한국, 중국, 인도 등 서태평양 연안 국가가 문명을 주도할 것이다.

과거는 미래의 길잡이이다. 문명 서진설 또한 매우 예리한 역사·지리학적인 통찰로 모든 것이 얼추 맞아떨어진다.

문명 서진설

반도체 산업도 예외가 아니다. 반도체는 1958년 미국에서 발명되어 시장을 주도해오다가 1980년대 일본 기업들이 시장을 장악했다. 1990년 대에 들어서는 한국이 급부상하였고 메모리 분야에서 마침내 세계 정상에 올랐다. 한국은 명실상부한 반도체 패권국가이다. 반도체 서진설(?)을 말할 만하다.

현대인은 과거 어느 때보다 편하고 풍요로운 삶을 누리고 있다. 현대 문명을 풍성하게 만든 것은 물론 반도체의 힘이다. 문명 서진설을 떠나 문명과 비문명의 기준을 구한다면 반도체가 그 중심에 있을 것이다.

2. 한국의 반도체 산업

로마의 초대 황제인 아우구스투스는 로마제국의 힘에 의해 유지되는 평화를 '팍스 로마나(Pax Romana)'라 불렀다. 팍스(Pax)는 로마신화에 나오는 평화의 신이다. 한반도 역사상 가장 강력한 국가이자 한민족의 평화를 이룩하며 '팍스 코리아나(Pax Koreana)'를 증명해낸 국가가 있다. 바로 고구려이다. 대륙을 벌벌 떨게 하며 동북아시아 최강국의 반열에 오른 고구려는 대한민족의 자부심이자 힘과 용맹의 상징이었다. 이처럼 팍스는 단일 세력에 의한 세계 제패를 말한다.

2016년 세계 반도체 시장 규모는 3,397억 달러(가트너, '2017)이다. 대한민국 한 해 예산과 맞먹는다. 이 시장에서 반도체 강국, 한국 기업의 선전은 눈부시다. 2016년 세계시장 점유율에서 삼성전자가 2위, SK하이닉스가 4위에 올랐다. 메모리에서는 단연코 1위이다. 한국의 메모리 산업은 21세기 '팍스 코리아나'를 연상케 한다.

삼성은 과거 5년여간 꾸준히 점유율을 높여오며 1위 인텔과의 격차를 크게 줄였다. 시장전문가들은 삼성전자의 1위 등극도 조심스레 예측한다. 인텔의 주력제품인 PC, 서버용 시스템 반도체의 수요는 감소하고 메모리의 수요는 늘고 있기 때문이다. 실제 2017년 2분기 매출은 삼성이 149억 4000만 달러로 인텔보다 5억 달러 이상 많다. 이 추세가 지속된다면 2017년은 한국 반도체 산업 역사상 기념비적인 한 해가 될 것이다.

SK하이닉스 또한 최근 경이로운 성장을 이어가며 4위를 차지했다. 아쉬운 것은 2015년 3위에서 4위로 물러났다. 하지만 2016년 4분기 실적만 보면 다시 3위이다. 2017년 메모리 호황이 예상되어 2017년에는 3위

재등극이 확실하다. 삼성과 SK하이닉스의 점유율을 합하면 16%로 2015년보다 1%p 이상 증가했다. 미국과 일본, 대만 등 주요 국가들의 점유율이 일제히 하락한 가운데 한국만 나홀로 성장했다.

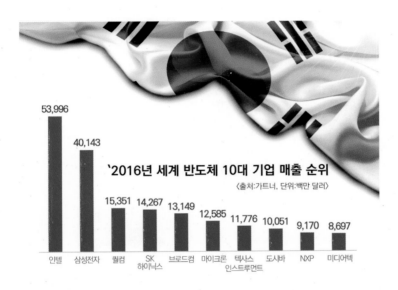

'2016 세계 10대 반도체 기업 순위

2016년 우리나라 수출액은 4,954억 달러로 세계 8위이다. 이 중 반도체가 622억 달러로 12.6%를 차지한다. 1990년 이후 대한민국 수출 1위 품목은 반도체이다. 1977년 3억 달러에 불과하던 수출액이 40여 년 만에 200배 이상 성장했다. 한국의 반도체 수출액은 GDP 규모 41위인 칠레의 전체 수출액과 맞먹는다.

메모리 분야의 절대강자는 단연 한국이다. D램 시장의 70% 이상, 낸드 시장의 50% 가까이 장악하고 있다. 그조차 매년 점유율을 높이고 있다. 이런 기사가 있다. "전 세계 메모리 반도체 70% 이상을 차지하는 한국이 북한의 공격이라도 받게 되면 전 세계 산업이 마비되는 재앙이 닥칠 것이다." 가설이 아니라 실제가 그렇다.

한국의 반도체 수출액
〈단위:억 달러〉

1977	1990	2000	2010	2016
3	45	260	507	622

'2016 주요품목별 수출액
〈단위:억 달러〉

반도체	자동차	선박·구조물	무선기기	자동차부품	석유제품	디스플레이
622.3	406.4	342.7	296.6	255.7	264.7	251.1

한국의 반도체 수출

취약점으로 꼽히던 시스템 반도체도 조금씩 존재감을 높이고 있다. 시스템 반도체의 핵심인 AP뿐 아니라 DDI, 각종 센서, 스마트카드IC 등 다양한 분야에서 시장을 확대해 나가고 있다. 2016년 세계 시스템 반도체 점유율 1위는 미국이다. 한국은 4~5% 수준으로 일본, 대만 등과 3, 4위 접전을 벌이고 있다.

반도체 시장의 전통적 강자는 역시 미국이다. 한국은 메모리에 강하지만 미국은 90% 이상이 시스템 반도체에서 매출을 올린다. 반도체 전체 시장의 77%가 비메모리이며 시스템 반도체가 59%를 차지한다. CPU로 이름 높은 인텔, 오랜 역사의 텍사스 인스트루먼트, CDMA칩으로 유명한 퀄컴 등이 모두 미국 기업이다.

한때 세계시장을 호령하던 일본 기업은 거의 찾아볼 수 없다. 2016년 10위 권에 오른 기업은 도시바가 유일하다. 그나마 7위에서 8위로 떨어졌다. 1980년대 일본의 반도체는 세계시장을 주름잡았다. 시장 점유율 70% 이상, 세계 10위권 내 일본 반도체 기업이 6개에 달했다.

3. 치킨게임

반도체 산업은 대표적인 장치산업으로 천문학적인 투자가 선행되어야 한다. 이런 산업에서는 흔히 '치킨게임'이라는 극단적인 전략이 사용된다. 치킨게임이란 1950년대 미국 젊은이들 사이에 유행했던 담력 겨루기 게임이다. 두 명의 경쟁자가 자동차로 마주보고 돌진하여 먼저 핸들을 꺾는 자가 패배하는 규칙으로, 만일 두 명 모두 직진할 경우 충돌하여 사망하거나 큰 부상을 당하게 된다. 이런 위험한 게임이 채택되는 이유는 충돌하였을 때의 손해보다 이겼을 때의 이익이 크다는 판단에서다.

반도체 산업에서의 치킨게임은 1980년대에 미국 인텔과 일본 반도체 기업들의 싸움에서 시작되었다. 인텔은 1970년 세계 최초로 D램을 생산한 이래 메모리 반도체 1위를 지키고 있었다. 이에 후발 주자인 일본의 NEC와 도시바, 히타치 등이 저가 정책을 펼치며 인텔을 압박하였다.

삼성이 64K D램을 본격 수출하던 1984년, 일본은 반도체 산업에서 미국을 앞지르겠다는 야심찬 계획을 세우고 저가 공세를 펼쳤다. 이제 막 진입하려는 한국도 일찌감치 눌러버려야겠다는 복안이었다. 이에 따라 당시 4달러 수준이던 64K D램이 1985년 30센트까지 떨어졌다. 당시 64K D램의 생산원가는 1달러 70센트 수준이었다. 전 세계 반도체 기업은 몸살을 앓았다. 삼성은 1986년까지 반도체 사업에서만 2,000억 원의

1차 반도체 치킨게임

적자를 냈다. 미국 언론은 일본의 반도체 저가 공세를 '제2의 진주만 공습'이라고 표현했다.

당시 인텔은 벤처로 성공한 반도체 전문기업에 불과했고, NEC나 도시바는 글로벌 수위의 대형 전자그룹으로 막강한 자본력을 바탕으로 지속적인 설비 확장을 꾀하였다. 이에 인텔은 1985년 적자를 견디지 못하고 D램 사업을 포기했다. 그리고 곧이어 기술 장벽이 상대적으로 높은 시스템 반도체로의 전환을 선언한다. 이것이 1차 반도체 치킨게임으로 볼 수 있고, 일본의 NEC나 도시바는 이 게임의 승자로 10여 년 간 독과점의 이익을 누릴 수 있었다.

4. 일본의 영욕

1970년대 반도체 강국은 미국이었다. 인텔, TI, 모토로라, 페어차일드 등 미국 기업의 독무대였다. 인텔은 1970년대 D램 1위 기업이었다. 일본은 1980년대 들어 세계 반도체 시장을 접수하며 '반도체 JAPAN' 시대를 열었다. NEC, 히타치, 도시바 등이 사이좋게 돌아가며 시장 점유율 1위를 기록했다. 일본은 한때 세계 D램 생산량의 75%를 차지했다. 이때가 일본 반도체 산업의 정점이었다.

1990년대 들어 시장의 판도가 다시 바뀐다. 2차 반도체 치킨게임이 시작된 것이다. 일본 반도체 산업이 급성장한 요인 중 하나는 시장이 요구한 고품질의 D램을 만들어냈기 때문이다. 일본의 장인정신으로 대표되는 모노즈쿠리(物作り) 정신이 더해져 일본 반도체 업계는 극한의 성능을 추구하는 기술중심주의가 뿌리내리게 된다.

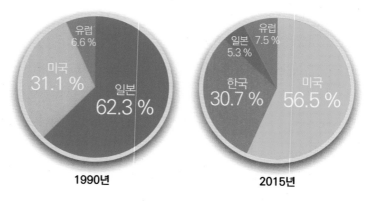

1990년   **2015년**

반도체 시장 점유율

시간이 흐르고 시대가 변했다. 1990년대에 들어서 PC 출하가 급격히 늘고 PC용 D램을 저비용으로 생산하는 것이 중요해졌다. 반면 일본은 변함없이 고품질의 D램을 고집했다. 고품질의 D램은 PC용으로는 과잉 품질이었다. PC용은 5년 보증이면 충분했다. 일본 반도체 업계는 고품질, 극한기술, 오버스펙을 추구했고 그 결과 공정수가 많아지며 이익을 내기 어려운 고비용 구조가 정착되었다.

삼성전자의 D램 사업 초창기였던 1985년 매출은 1위 업체 NEC의 20분의 1이었다. 시장 순위 42위였다. 후발주자인 한국은 고품질의 반도체보다는 저비용의 반도체 생산에 전력했다. 1990년대 이후 공격적인 설비 증설로 2차 치킨게임을 촉발시켰고, 1996년 256M D램을 세계 첫 출시하며 추격에 고삐를 바짝 쥐었다. 결국, PC시장의 확대와 저가 D램을 대량 생산한 한국의 전략이 맞아떨어져 한국은 메모리 반도체 세계 정상에 오르게 된다.

일본 메모리업계는 몸살을 앓았다. 사업철수와 합종연횡이 이어졌다. 특히 히타치와 NEC는 D램 사업부를 통합하여 엘피다를 설립했다. 하지만 경영악화로 2012년 법정관리를 신청했고, 같은 해 미국 마이크론에 매각되었다. 일본 반도체 산업의 마지막 보루로 불렸던 기업이지만 재기전마저 막을 내리게 된 것이다. 닛케이는 2010년 "반도체 왕국 일본의 자만"이라는 특집 기사를 통해 "세계 흐름을 보지 못하고, 치열한 기술 경쟁에만 몰두한 것이 몰락을 자초했다"고 분석했다. 일본의 대다수 국민들은 "일본 메모리 산업이 망한 것은 한국 때문이다" 라고 생각한다.

최근의 사정은 어떨까? 유일한 생존 기업 도시바는 2016년 원전 사업에서 7조원이 넘는 손실을 보며 자본잠식 상태에 빠져들었다. 창사 이래 최대 경영위기이다. 회사는 급기야 핵심 주력 사업인 반도체 부문을 분사시킨 후 절대지분을 매각할 예정이다. 한국의 SK하이닉스, 미국 웨스턴 디지털, 대만 혼하이정밀공업(2016년 일본 샤프 인수기업), 다국적 투자펀드 등이 인수전에 뛰어들었다.

도시바는 낸드 플래시 강자이다. 세계 최초로 낸드 메모리를 개발한 회사로 2016년 기준, 삼성에 이어 세계시장 점유율 2위다. SK하이닉스의 경우 D램에서는 세계 2위에 올라있지만, 낸드에선 5위권에 머물러 있다. SK하이닉스가 만약 도시바를 인수한다면 한국 반도체 산업의 위상은 더욱 높아지겠지만 일본 국민의 정서가 큰 장애물이다.

일본과 함께 눈여겨봐야 할 곳이 대만이다. 2000년대 세계 최대 IT전시회 '컴퓨텍스(COMPUTEX)'를 개최하며 세계 컴퓨터 산업계를 이끌었던 그들이다. 당시 대만 D램의 세계시장 점유율은 약 20%에 달했다. 이후 상황은 급변했다. 대규모 투자로 공세에 나선 한국 기업이 시장을 주도하게 됐고 대만의 유일한 생존 기업 난야의 점유율은 2015년 현재 3%대에 머물고 있다. 대만 시장조사업체 〈트렌드포스〉는 "대만 D램 산업에 부활의 길은 없다"고 토로하고 있다.

과거 40년간 반도체 산업의 패권은 〈미국 → 일본 → 한국〉 순이었다. 지금은 한국이 승자다. 여기에서 고민도 깊어진다. 불과 10여 년 전 '문명 서진설', '반도체 서진설'을 외쳐댔지만 이제 그 수혜자는 중국이기 때문이다. 한국 반도체 산업의 가장 큰 위협은 중국이다. 중국은 전 세계 반도체 기업의 절반을 먹여 살린다.

1970~	1985~	1993~	20...
인텔, 세계 메모리 시장 장악	일본, 메모리 세계 시장 점유율 1위	삼성전자 메모리 1위 등극	세계 최대 반도체 소비시장 등극

반도체 서진설?

5. 반도체 업계의 M&A

M&A(mergers&acquisitions)란 기업인수와 합병을 말한다. 외부 경영 자원 활용의 한 방법으로, 자산이나 주식을 취득하여 경영권을 얻는 것

을 인수, 두 개 이상의 기업이 결합하여 법률적으로 1개 기업이 되는 것을 합병이라 한다.

M&A는 왜 할까? 기업의 내적 성장한계를 극복하는 것이다. 경쟁사, 혹은 시너지가 예상되는 기업을 인수해 투자비용(시간과 노력)을 절감하고 규모의 경제를 실현하며 때로는 경영상의 노하우, 선진기술을 얻을 수 있기 때문이다.

2016년 세계경제포럼(World Economic Forum)을 통해 4차 산업혁명이 언급된 이후 반도체 업계의 가장 큰 흐름은 M&A이다. 2015년 1천33억 달러로 사상 최대치를 기록했던 반도체 업계의 M&A 거래액이 2016년에도 985억 달러로 역시 천억 달러에 육박했다(IC인사이츠, '2017). 직전 5년간의 연평균 거래액이 126억 달러임을 고려하면 그야말로 M&A 전성시대이다.

반도체 업계에서 M&A가 유독 많은 이유는 미래 시장 선점 때문이다. 앞서 설명했지만 반도체 수요가 PC, 가전, 스마트폰에서 사물인터넷, 자율주행차, 웨어러블기기 등으로 확대됨에 따라 업계도 신성장 제품에 사활을 걸고 있다. 대표적인 예가 2016년 발표한 퀄컴의 자동차용 반도체기업 NXP의 인수로, 채무를 제외한 인수금액만 390억 달러로 역대 최대급이다. 모바일 칩에 주력해온 퀄컴이 자동차용 반도체까지 영향력을 확대했다.

규모면에서 다음으로 큰 계약은 2015년 5월, 싱가포르의 아바고가 미국 브로드컴을 인수한 것이다. 인수금액은 370억 달러이다. 브로드컴은 방송, 무선통신 분야 기술력을 가진 대형 팹리스 업체다. 2016년 매출

84억 달러로 세계 반도체 업체 중 8위를 차지한다. 아바고는 1961년 HP의 반도체 사업부로 출범했고 주요 제품군은 광통신, LED, RF마이크로웨이브 분야의 칩이다. 두 회사의 합병으로 단숨에 5위 기업으로 등극하게 되었다. 통합 회사명은 브로드컴이다.

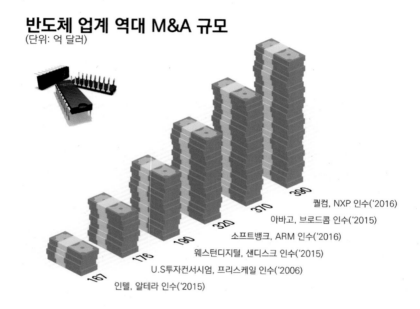

반도체 업계 역대 M&A 규모
(단위: 억 달러)

390 퀄컴, NXP 인수('2016)
370 아바고, 브로드컴 인수('2015)
320 소프트뱅크, ARM 인수('2016)
190 웨스턴디지털, 샌디스크 인수('2015)
176 U.S투자컨서시엄, 프리스케일 인수('2006)
167 인텔, 알테라 인수('2015)

반도체업계 역대 M&A 규모 순위(출처: IC인사이츠)

이외에도 일본 소프트뱅크의 ARM 인수(320억 달러), 웨스턴디지털의 샌디스크 인수(190억 달러), 인텔의 알테라 인수(167억 달러), NXP의 프리스케일 인수(118억 달러) 등이 2015년과 2016년 사이에 성사된 반도체 빅

딜이다.

M&A의 '큰 손'은 미국이다. M&A평가액 기준 절반 이상(51.8%)을 차지한다. 인공지능으로 대표되는 4차 산업혁명 시대에도 미국은 강력한 영향력을 발휘할 것이다. 눈여겨봐야 할 대상은 중국이다. 규모면에서 83억 달러로 4% 비중을 차지하지만 태풍의 눈으로 떠오르고 있다. 중국의 반도체 산업은 이어지는 단락에서 자세히 다룬다. 그 밖에 일본은 18.4%, 유럽은 6.8%를 차지했다.

국내 기업들은 좀 동떨어진 분위기다. 도시바 인수전에 뛰어든 SK하이닉스를 제외하면 M&A보다 자체 시설투자와 기술개발에 전력하는 모습이다. 한편 반도체 업계의 합종연횡이 언제까지 이어질지 의문이다. 더는 인수할 만한 기업이 없기 때문이다. 시스템 반도체의 약체 한국의 큰 고민거리가 아닐 수 없다.

6. 중국의 부상

2017년 세계 메모리 반도체 시장은 삼성전자, SK하이닉스, 마이크론의 3강 체제를 구축했다. 도시바는 낸드만 공급한다. 이들 3강 기업은 그야말로 호황을 누리고 있다. 공급초과로 제품값이 떨어지면 가동률을 낮춘다. 과거 메모리 반도체 업체가 10곳이 넘었을 때는 생각하기 힘든 '자율조정(?)' 능력이 발동된 것이다.

이는 수치로도 증명된다. 시장조사업체 〈IC인사이츠〉에 따르면 2016년 주요 D램 업체의 비트 그로스는 수년째 20%대에 머물러 있다. 비트 그로스는 비트 단위로 환산한 메모리 공급 증가량을 뜻한다. 과거 이 수치는 50~70%를 오르내리기도 했다. 비트 그로스가 50%를 넘으면 이듬해에는 어김없이 메모리 값이 떨어진다.

지난 2015년 중국의 M&A 광폭 행보에 세계가 깜작 놀랐다. 중국 칭화유니그룹은 메모리 업계 3강, 미국 마이크론을 230억 달러에 공개 매수하겠다고 밝혔다. 기술 유출을 우려한 미국 정부의 반대로 무산됐지만 칭화는 곧이어 HDD 1위 기업인 웨스턴 디지털, 낸드 메모리의 또다른 강자 미국 샌디스크 투자계획을 잇따라 발표했다.

칭화유니의 M&A 광폭 행보

세계 최대 반도체 소비국인 중국은 반도체 '자급자족'을 선언하고 공격적인 투자를 단행하고 있다. 최근 1년 사이 발표된 중국 내 반도체 투자 금액이 무려 659억 달러에 달한다고 한다. 세계 최대 반도체 단지라는 삼성전자 평택 반도체라인 투자액의 5배 규모다. 예상대로 투자가 진행된다면 2020년 이후 시장은 공급과잉에 빠질 것이다. 3차 치킨게임이 발발하는 것이다.

중국은 '반도체 먹는 하마'나 다름없다. 2007년 1,294억 달러였던 중국 반도체 수입액은 2014년 2,076억 달러로 수직 상승했다. 석유를 넘어, 수입 1위 품목이 반도체이다. 세계 반도체 시장에서 차지하는 비중 또한 2016년 44.2%를 차지한다. 그럼에도 반도체 자급률은 13.5%에 그쳤다(출처: 가트너). 제조대국에서 제조강국으로, 중국 정부가 반도체 국산화를 숙원 사업으로 삼은 배경이다.

중국 반도체 수출입 추이(출처: 중국전자정보산업 통계연감)

한편 시스템 반도체로 대표되는 팹리스 분야는 이미 한국을 넘어섰다. 〈IC인사이츠〉에 따르면 '글로벌 50대 팹리스' 기업 중, 중국 기업이 9곳, 한국은 단 1곳(37위)이다. 대만을 포함하면 중화기업이 25개로 늘어난다. 매출 규모에서도 중국 하이실리콘(8위)이 32억 3천만 달러로 한국 1위 실리콘웍스(3억 3천만 달러)의 10배 수준이다.

반도체 산업의 진입장벽은 매우 높다. 또한 전형적인 규모의 경제를 누리는 제품이 반도체이다. 메모리 반도체 생산 경험이 전무한 중국이 관련 기술을 모두 갖추고, 전문가들을 확보하려면 많은 시간이 걸릴 것이다. 또한 만족할 만한 수율을 얻으려면 무수히 많은 시행착오를 거칠 것이다. 그럼에도 불구하고 중국이 위협적인 것은 막강한 자본, 거대한

순위	회사명	매출
8	하이실리콘	32.3
13	스프레드트럼	13.5
25	다탕세미컨덕터	4.6
29	나리스마트칩	3.9
34	CIDC	3.4
39	ZTE마이크로	2.9
42	록칩	2.8
48	RDA	2.3
49	올워너	2.2

〈단위: 억 달러, '2015〉

글로벌 팹리스 50위 기업 중 중국기업(출처: IC인사이츠)

내수시장, 세계의 공장이라는 탄탄한 기반 때문이다.

한·중 산업 전쟁에서 반도체는 최후의 보루로 꼽힌다. 업계에선 기술력에서 아직 멀었다는 분위기가 팽배하다. 그러나 철강, 조선, 스마트폰에서 그랬던 것처럼 불과 몇 년이다. 한·중간의 기술격차를 3~4년 정도로 보지만, M&A 한방이면 단숨에 턱밑까지 도달할 수 있는 것이다. 한국 또한 기술과 경험 없이 단기간에 세계 정상에 올랐음을 잊지 말아야 한다.

7. 우리의 갈 길은

모든 기업이 혁신을 말한다. 그런데 혁신이 뭘까? '새 가죽(革新)'일까? 혁신이란 일체의 묵은 사상과 방법, 시스템을 적절하다고 생각하는 방향으로 끊임없이 바꾸어나가는 것이다. 그런 면에서 이익은 기업 혁신의 보상인 셈이다. 그렇다면 왜 혁신해야 할까. 그것은 '빠른 변화'와 '무한 경쟁' 때문이다.

요즘 세태를 비유하며 '빛보다 빠른'이라는 말을 한다. 빛의 속도는 초속 30만 킬로미터로 1초에 지구 둘레 7바퀴 반을 돈다. 그렇다면 우리 환경은 얼마나 빠르게 변하고 있을까? 예를 들어보자.

기술의 발전은 산업혁명 시대의 첫 기계화에서 컴퓨터 혁명에 이르기까지 언제나 역동적인 경제 변화의 뿌리였다. 그리고 기술 혁신 주기는 점점 짧아지고 있다. 몇 가지 사례를 들어보자. 19세기 초 컴퓨터의 아버지 찰스 배비지(Charles Babbage)가 미적분계산이 가능한 계산기를 발명하고 무려 130년이 지난 1951년 첫 상업용 컴퓨터 유니박(UNIVAC)이 등장했다. 그런데 불과 50여 년이 지난 2007년 손안의 PC, 스마트폰이 등

장했다. 그뿐만이 아니다. 1448년 인쇄기 발명 이후 505년이 흐른 뒤에
야 컴퓨터 프린터기가 등장했다. 그런데 불과 31년이 지난 1984년 3D 프
린터가 등장했다.

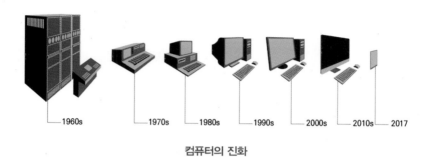

컴퓨터의 진화

컴퓨터의 성능이 18개월마다 2배로 증가한다는 무어의 법칙에 못지
않게 기술을 수용하는 우리의 속도도 빨라졌다. 전화기가 발명된 이후
미국 가정의 절반 정도가 전화기를 사용하기까지 50년이 걸렸다. 라디오
는 5,000만 명에 이르는 데 30년이 걸렸다. 그러나 미국인의 절반이 스
마트폰을 사용하기까지는 불과 5년이 걸렸다. 기술의 발전은 가속도가
붙으며 지금보다 더욱 발전할 것이다. 그 속도만큼 우리에게 다가올 미래
도 변화무쌍하며 급진적일 것이다.

모든 기업인이 바라는 블루오션(blue ocean)은 뭘까? 경쟁자가 없는 평
온한 바다, 순탄한 비즈니스 환경일 것이다. 하지만 현실은 어떤가? 현대
산업사회 즉, 자본주의 시장경제는 금수(禽獸)의 세상이 된 지가 오래다.
먹고 먹히고, 끊임없이 선두다툼을 한다. 이런 약육강식의 전쟁터에서

기업은 싸지만 품질 좋은, 어찌 보면 모순된 제품과 서비스를 계속해서 내놓아야 한다.

최초의 반도체는 인텔이 1970년 1K D램을 만들어 낸 것으로부터 시작된다. 당시 미국의 위상은 대단했다. 세상을 자동화시켜 인류의 육체노동을 해방시켰다. 1980년 일본의 침공이 시작됐다. 거대 자본과 일본 고유의 장인정신이 더해져 최단 기간 세계시장을 석권했다. 일본의 반도체는 당시 자동차와 함께 일본 국민의 자부심이었다. 시대가 급변했다. 고품질을 추구했던 일본은 침몰했고 가성비 높은 한국은 급부상했다. 한국은 명실상부한 반도체 패권국가가 됐다.

어떤 때는 품질이, 어떤 때는 가격이, 또 어떤 때는 디자인이 중요할 수도 있다. 핵심은 경기장에 들어가면 규칙부터 파악해야 한다는 것이다. 게임의 규칙이 변했는데 과거의 룰만 고수한다면 결과는 뻔한 것이다. 일본 반도체 산업의 패인은 '자만'이다. 급변하는 시대 변화를 따르지 못했고, 무엇보다 떠오르는 잠룡 한국을 간과했기 때문이다. 성공의 함정에 빠지면 혁신은 요원하다.

우리나라의 대외무역 의존도는 90%에 달한다. 대한민국 수출 1위 품목은 반도체이다. 대한민국 경상수지 흑자의 30%가 반도체에서 나온다. 반도체 경쟁력이 곧 대한민국의 경쟁력인 것이다. 현재 우리의 반도체 산업은 위기이자 기회이다. 격차를 넓히려는 한국, 격차를 좁히려는 미국, 격차를 뛰어넘겠다는 중국, 그리고 고질적인 시스템 반도체의 불균형. 판은 커지는데 경쟁자는 많아지고 잘 잡으면 봉이고 놓치면 닭이 된다.

세계 정상이 된다는 것은 물론 쉽지 않지만 불가능하지도 않다. 그러나 자칫 정상에 서면 목표를 상실할 수 있다. 정상이 되기보다 정상의 위치를 고수하기가 더욱 어려운 까닭이다.

어제의 새로운 지식이 오늘 낡은 지식이 되는 시대, 똑똑함(smart)을 넘어 지혜로움(wise)을 말하는 시대이다. 우리는 깨어 있어야 한다. 긴장해야 한다. 경영은 혁신의 연속이고 혁신은 어제 내린 눈과 같다.

반도체는 우리나라 경제의 든든한 버팀목이자, 대한민국 산업의 최후의 보루이다. 잠들지 않는 혁신을 통해 'fast follower(빠른 추격자)'에서 'first mover(시장 선도자)'로, 미래의 'last stander(마지막 지존)'로 우뚝 서야 한다. 우리의 자랑스러운 반도체 산업이 제2의 부흥기를 맞이하기를 바란다.

반도체가 발명되고 50여 년, 꿈같은 이야기가

현실이 되었다. 다가오는 정보화혁명 시대에는 깜짝 놀랄 만한,

꿈같은 이야기가 현실이 될 것이다. 그 곁에는 반도체가 있다. 산소처럼

인간을 도와주게 될 것이다. 반도체를 몰라서 고달픈 인생은

아니다. 다만 궁금할 뿐….

신의 데이터 저장소
아카식 레코드

오래 전 〈전설의 고향〉이라는 드라마가 있었다. 단골 소재가 저승인데, 명경대(明鏡臺) 앞에 선 인간은 생전의 선행과 악행에 대한 심판을 받는다. 그런데 이런 의문이 든다. 염라대왕이 갖고 있다는 인간들의 방대한 생전 기록이다. 한두 명도 아니고 현생 인류는 1,070억 명이 왔다 가셨다 한다.

인도 전승의 아카식 레코드(Akashic Records)라는 것이 있다. 아카식은 산스크리트어로 '하늘'이라는 뜻이고 레코드는 '기록'이니 하늘의 데이터베이스인 셈이다. 나무위키는 "우주와 인류, 미래의 모든 기록을 담은 초차원의 정보집합체"라고 말한다. 명상수련을 하는 신비주의자들, 노스트라다무스(Nostradamus, Michel de Nostredame)나 에드가 케이시(Edgar Cayce) 같은 예언가들이 아카식 레코드를 통해 인류의 미래를 보았다거나, 심지어 20세기 최고의 발명가 니콜라 테슬라(Nikola Tesla)도 본인의 발명은 우주 어딘가에 있는 지식기지를 통해 얻은 것이라 말했다. 만약 염라대왕도 이곳에 접속했다면 웬만한 프로파일러 이상이었을 것이다.

소련의 붕괴, 지축의 이동, 자신의 죽음마저 예언한 에드가 케이시는 여러모로 놀라운 사람이다. 특히 독실한 크리스천이면서도 전생과 윤회에 대한 수많은 기록을 남겼다. 한편 그의 예언집(Psychic Readings)엔 이런 글도 있다. "1998년 '기록의 방(Hall of Records)'이 열릴 것이며, 이를 통해 인류는 새로운 시대로 이동한다."

기록의 방? 아카식 레코드가 열린다는 것일까? 공교롭게도 1998년은 인터넷이 본격 보급되던 시기이다. 범우주적(?) 정보 기반이 된 인터넷은 분명 인류사의 큰 전환점이었다. 컴퓨터기술과 통신기술이 결합해 정보의 벽은 무너지고 세상의 모든 지식이 드러났다. '정보의 바다'라고 할 만큼 그 양도 방대했다. 프라이버시라는 말도 옛말이 되었다. 평범한 직장인이 집 밖을 나서면 하루 평균 110회 CCTV에 노출된다고 한다. 일거수일투족, 우리의 모든 일상이 속속들이 기록되는 것이다.

2000년 초 인터넷이 한층 발달하면서 웹봇(Web Bot)이 등장했다. 세계 주식시장을 예측하기 위한 프로그램인데 인터넷에서 검출되는 다양한 정보를 분석하고 통계를 얻어내는 방식이다. 그런데 주식시장 예측을 위한 이 프로그램이 재미있는 행동을 하기 시작했다. 바로 '예언'이다. "앞으로 60~90일 사이에 대재앙이 일어나 증시가 엄청난 폭으로 바뀔 것이다." 2001년 중순 웹봇은 이런 예측을 했고 곧이어 911테러가 터졌다.

나가는 글_

세계 주식시장은 폭락했다.

사실 예언은 확정된 결정론이 아니다. 과거의 '경향'과 현재의 '상황'을 고려해 장래를 추측할 뿐이다. 제 아무리 뛰어난 영매도 미래를 맞출 수는 없다. 점술은 그 사람의 과거 행적과 현재의 기운을 읽어 미래 어떤 환경에 처할지 예측해 줄 뿐이다. 아카식 레코드를 수시로 드나들었던 에드가 케이시 또한 같은 상황, 전혀 다른 미래를 보았다는 기록이 있다.

주제는 아닌데 좀더 부연하면, 우리는 선택할 수 있고 미래는 유동적이다. 시간은 중력의 작용이며 이 또한 찰나(ksana, 산스크리트어로 '매 순간', 1찰라는 75분의 1초)의 연속이다. 빠르게 돌아가는 슬라이드를 마치 연속된 흐름으로 착각하는 것이다. 우리에게는 자유의지(free will)가 있고 선택은 단절된 슬라이드 위에 각기 다른 미래로 투영된다. 숙명론은 거짓이다. 우리는 매 순간 미래를 바꿔나갈 수 있다.

일본의 한 과학자가 '물'에 관한 아주 기묘한 현상을 발견했다. 두 개의 병에 물을 준비하고 각 병에 각기 다른 말을 반복적으로 들려주자, 어떤 말을 했느냐에 따라 물의 결정이 판이하게 달라진 것이다. '망할 놈의 물', '짜증 나', '죽어버릴 거야' 같은 욕지거리를 쏟아부은 물의 결정은 징그럽고 추악한 모습으로 변했다. 반면에 '사랑해', '고마워'를 반복해 들려준 물은 눈꽃 모양의 아름다운 결정이 되었다. 생명이 없는 물이 어떻게 사람의 말을 알아들었을까? 그 과정을 이해할 수는 없지만 중요한 사실 한 가지가 있다. 의식조차 물리계에 기록된다는 것이다.

오감(五感)을 사용하지 않고 생각이나 감정을 주고받는 능력을 텔레파시라 한다. 투시·예지와 함께 과학이 입증한 인간의 심령(心靈) 능력이다. 인간의 뇌파는 라디오나 텔레비전의 전파처럼 물리계에 작용하며 영원히 사라지지 않는다. 인도 전승에 따르면 태초부터 이 우주를 거쳐간 모든 생명체의 의식과 경험, 지식들은 아카샤(Akasha)라는 매질에 기록되는데 아카샤는 산스크리트어로 '태초의 근원 물질'이라는 뜻이다. 우주 전체에 충만해 있으며 무한히 정교한 것이라 한다.

반도체의 궁극의 종착점은 어디일까? M램?, P램?, RE램? 인간의 정보처리기술은 이미 양자의 시대로 접어들었다. 반도체가 아닌 원자를 기억소자로 사용한다. 눈에 보이지 않는 물리계(원자)에 정보를 기록하고 저장하는 것이다. "수소, 우주의 75%를 차지하는 무한에너지……", 모 TV광고에 나오는 문구다. 현대의 정보기술은 '구름 서버(cloud computing)'에 정보를 저장한다. 미래는 어떨까? '구름 원자(quantum computing)'에 정보를 저장할 것이다. 우주 전체에 충만한, 무한히 정교한, 우주 자체가 거대한 저장소가 되는 아카식 레코드처럼 말이다.

2013년, 회사를 방문한 학생들을 대상으로 반도체 강의를 시작했다.

나가는 글_

이 책의 모티프가 그때 만들어진 18장의 슬라이드이다. 그로부터 4년여, 졸필 작가의 입장에서 꽤나 고단하고 긴 시간이었다. 하지만 헛된 시간은 아니었다. 누구보다 나 자신이 공부가 되었기 때문이다.

「규석기 시대의 반도체」는 반도체를 전혀 모르는 사람, 궁금하지만 어려워 포기한 사람, 누구보다도 반도체를 공부해야 할 사람에게 꼭 필요한 책이다. 교양과 상식을 넘어 반도체 완전정복을 꿈꾸는 모든 이에게 튼실한 징검다리가 될 것이다. 끝까지 읽어주신 독자 여러분들께 감사 드린다.

2017년 6월
김 태 섭